Philbert Luhunga

Projecções das alterações climáticas para a República Unida da Tanzânia

Philbert Luhunga

Projecções das alterações climáticas para a República Unida da Tanzânia

ScienciaScripts

Imprint

Any brand names and product names mentioned in this book are subject to trademark, brand or patent protection and are trademarks or registered trademarks of their respective holders. The use of brand names, product names, common names, trade names, product descriptions etc. even without a particular marking in this work is in no way to be construed to mean that such names may be regarded as unrestricted in respect of trademark and brand protection legislation and could thus be used by anyone.

Cover image: www.ingimage.com

This book is a translation from the original published under ISBN 978-620-2-31921-8.

Publisher:
Sciencia Scripts
is a trademark of
Dodo Books Indian Ocean Ltd. and OmniScriptum S.R.L publishing group

120 High Road, East Finchley, London, N2 9ED, United Kingdom
Str. Armeneasca 28/1, office 1, Chisinau MD-2012, Republic of Moldova, Europe
Printed at: see last page
ISBN: 978-620-8-12341-3

RESUMO

Prevê-se que os impactos das alterações climáticas comprometam a evolução socioeconómica dos países em desenvolvimento. A adaptação é a única opção para reduzir os impactes. No entanto, antes de começar a definir estratégias de adaptação, é importante efetuar investigação científica para compreender as possíveis trajectórias das futuras alterações climáticas em diferentes cenários de emissões. Isto é essencial para dispor de factos científicos que orientem a formulação de estratégias de adaptação eficazes. Neste estudo, as projecções das alterações climáticas para a Tanzânia são realizadas utilizando os resultados dos Modelos Climáticos Regionais (RCM) de alta resolução do programa Coordinated Regional Climate Downscaling Experiment (CORDEX). As projecções futuras (2011-2100) da precipitação diária e das temperaturas mínimas e máximas segundo duas vias de concentração representativas (RCP): RCP 8.5 e RCP 4.5 são comparadas com simulações de base (1971-2000). A comparação baseia-se na determinação do desvio do clima futuro durante os séculos atual (2011-2040), médio (2041-2070) e final (2071-2100) em relação ao estado climático de referência (1971-2000). Os resultados revelam que é provável que haja uma tendência óbvia para o aumento da temperatura mínima e máxima em todo o país em três períodos futuros (2011-2040), (2041-2070) e (2071-2100) em ambos os cenários de emissões RCP 8.5 e RCP 4.5. Isto é especialmente verdade para as zonas ocidentais do país, para as terras altas do sudoeste e para as zonas orientais do Lago Nyasa, onde se prevê que as temperaturas máximas sejam superiores a 3,5 °C e na ordem dos 2 a 2,4 °C nos cenários de emissões RCP 8.5 e RCP 4.5, respetivamente. As zonas ocidentais da bacia do Lago Vitória e partes das terras altas do Nordeste deverão registar um aumento das temperaturas mínimas na ordem dos 4,5 a 4,8 °C no cenário de emissões RCP 8.5. A estação fria: junho-julho-agosto-setembro (JJAS) é suscetível de se tornar mais quente do que a estação quente que começa em outubro e continua até abril ou maio. Durante a estação JJAS, é provável que o país registe um aumento da temperatura máxima na ordem dos 1,7 a 2,4 °C e 2 a 4 °C em meados (2041-2070) e no final (2070-2100) dos séculos, respetivamente. Prevê-se que a precipitação em partes das terras altas do nordeste e das regiões costeiras aumente entre 0,5 e 1 mm/dia e entre 0,25 e 0,5 mm/dia nos cenários de emissões RCP 8.5 e RCP 4.5, respetivamente. No entanto, as regiões ocidentais, as terras altas do sudoeste e o lado oriental do Lago Nyasa são susceptíveis de registar uma diminuição da quantidade de precipitação na ordem de 0,5 a 1 mm/dia, tanto no cenário de emissões RCP 8.5 como RCP 4.5.

Palavras chave: Alterações climáticas, temperatura, precipitação, CORDEX e clima regional Modelos

Conteúdo

CAPÍTULO 1

1. Introdução

As alterações climáticas constituem uma ameaça à sobrevivência do ser humano, uma vez que têm impactos significativos no ambiente, na produção agrícola, nos recursos hídricos e na produção pecuária (Araya et al., 2015). Por exemplo, prevê-se que o aumento projetado da temperatura influencie o murchamento e a secagem das plantas, a multiplicação de pragas, ervas daninhas e doenças, o que resultaria num aumento dos custos de produção agrícola e em falhas no rendimento das culturas (URT, 2003). Além disso, é provável que as temperaturas mais elevadas provoquem uma erupção de pragas, novos parasitas e doenças que afectariam um grande número de animais (IPCC, 2012).

O aumento previsto da precipitação é suscetível de influenciar a lixiviação de nutrientes, a lavagem da camada superficial do solo e o alagamento, as pragas, os surtos de doenças e os danos nas infra-estruturas, que resultariam em baixos rendimentos das culturas e na rutura da cadeia de abastecimento alimentar (URT, 2003; IPCC, 2007; 2013). Por conseguinte, uma compreensão clara e exaustiva das futuras alterações climáticas e dos seus impactos associados, com uma resolução espacial elevada e uma cobertura temporal longa, é fundamental para a formulação de estratégias de adaptação adequadas e eficazes para a tomada de decisões informadas em todos os sectores socioeconómicos.

Vários estudos (Mwandosya et al., 1998; Agrawala et al., 2003; Strzpeck e McCluskey, 2006; Ehrhart e Twena, 2006; de Wit e Stankiewicz, 2006; Munishi, et al., 2010; Jack, 2010; Arndt et al, 2011 e Rowhani et al., 2011; Ahmed et al., 2011; Wambura et al., 2014 e Conway et al., 2017) utilizaram os Modelos de Circulação Geral (GCM) para produzir futuras alterações climáticas na Tanzânia. Mwandosya et al. (1998) indicaram que a precipitação futura nas terras altas do sudoeste da Tanzânia diminuirá, enquanto as terras altas do nordeste e a bacia do Lago Vitória registarão um ligeiro aumento da precipitação. [stth]Ahmed et al. (2011) utilizaram os resultados dos GCM para produzir alterações nas temperaturas e concluíram que as temperaturas da estação de crescimento de janeiro a junho no início do século XXI serão mais elevadas do que no final do século XX em 0,2-1,11 C se a concentração de gases com efeito de estufa continuar a aumentar. Agrawala et al. (2003) realizaram um estudo mais abrangente, analisando as tendências e os cenários climáticos na Tanzânia com base nos resultados de dezassete GCM e concluíram que as temperaturas no país aumentarão até 2,2°C até 2100, com aumentos mais elevados até 2,6°C entre junho e agosto.

No entanto, existem ainda incertezas substanciais sobre as futuras alterações climáticas na Tanzânia. As principais incertezas resultam do facto de todos os estudos anteriores se terem baseado em simulações climáticas de GCMs que têm resoluções espaciais grosseiras para reproduzir padrões climáticos regionais ou locais (Jones, et al., 2004). Os processos físicos e dinâmicos importantes na modulação do clima regional ou sub-regional são insuficientemente parametrizados nos GCM. Os seus resultados são, por conseguinte, úteis apenas à escala global, mas não são adequados para a adaptação às escalas regional, sub-regional e local.

A redução da escala dos resultados dos GCM é uma etapa necessária e uma abordagem útil para obter simulações climáticas de alta resolução e pormenorizadas que possam ser utilizadas no desenvolvimento de estratégias de adaptação eficazes à escala regional e sub-regional. Esta abordagem baseia-se no pressuposto de que o clima de grande escala exerce uma forte influência sobre o clima à escala local, mas, em geral, não tem em conta os efeitos inversos das escalas locais sobre as escalas globais (Hewitson e Crane, 1996 e Benestad et al., 2007).

Existem duas abordagens para reduzir a escala dos resultados dos MCG: redução estatística (Hewitson e Crane, 1996 e Benestad et al., 2007) e redução dinâmica (Di Luca et al. 2012; Leung et al. 2003). O primeiro é um método totalmente desenvolvido e amplamente utilizado para explorar as condições climáticas à escala regional ou local, utilizando os resultados dos GCM (Tumbo et al., 2010; Mtongori et. al., 2015). Baseia-se no desenvolvimento de ligações estatísticas ou funções de transferência entre as observações locais e os campos de grande escala, como os resultados dos GCM, com o pressuposto principal de que as estatísticas do clima passado permanecerão válidas no clima futuro. A principal vantagem do downscaling estatístico é o facto de ser computacionalmente pouco dispendioso. No entanto, a capacidade do downscaling estatístico depende da escolha do fator de previsão (Fung et al, 2011). Outra limitação do downscaling estatístico é o problema da estacionariedade. Este é o pressuposto crítico de que as relações observadas entre o preditor e o predito permanecerão válidas sob diferentes condições de forçamento de possíveis climas futuros (Trzaska e Schnarr, 2014).

A segunda abordagem de downscaling é o downscaling dinâmico. Esta abordagem baseia-se no aninhamento de um modelo climático regional de alta resolução (RCM) dentro do GCM e orienta-o utilizando as condições de fronteira do GCM (Danis et al., 2002; Jones et al. 2004). A principal hipótese subjacente à utilização de MCR de alta resolução é que estes podem simular as condições climáticas locais com mais pormenor numa região limitada (Danis et al., 2002). A abordagem de downscaling dinâmico permite uma melhor representação da influência orográfica nas variáveis climáticas. Além disso, os esquemas de parametrização nos pontos de grelha dos MCR de alta resolução produzem padrões de circulação de mesoescala realistas (Bhuvandas etal.,2014).

O downscaling dinâmico pode ser classificado em quatro tipos (Castro et al., 2005). O primeiro tipo é quando o modelo climático regional (RCM) (Limited Area Model-LAM) é orientado por condições de fronteira laterais de um GCM ou dados de reanálise global em intervalos de tempo regulares (geralmente 6 ou 12 horas), e condições de fronteira de fundo (terreno, temperatura da superfície do mar) e condições iniciais especificadas. As condições atmosféricas globais iniciais nos GCMs que fornecem as condições de fronteira laterais ainda não foram esquecidas. Este tipo de downscaling dinâmico é utilizado na previsão meteorológica quotidiana (Chen e Kuo, 1992).

O segundo tipo é quando as condições de fronteira iniciais da atmosfera global são esquecidas pelos GCM ou pelos dados de reanálise, enquanto o RCM continua a funcionar utilizando as condições de fronteira laterais dos GCM ou os dados de reanálise global e as condições de fronteira inferiores. Este tipo de downscaling é utilizado para simulações meteorológicas sazonais. O terceiro tipo é quando as condições de fronteira laterais são fornecidas pelo GCM forçado por condições de fronteira de superfície específica (por exemplo, SSTs observadas) (Castro et al., 2005). Este tipo de downscaling é também utilizado para a previsão meteorológica sazonal. O quarto tipo é quando as condições de fronteira laterais provêm de um MCG completamente acoplado, no qual as componentes do sistema climático: atmosfera-biosfera-esfera-cristais-oceano estão acopladas e são interactivas. Este tipo é utilizado para gerar simulações climáticas para períodos plurianuais.

Em geral, todos os tipos de downscaling dinâmico são computacionalmente dispendiosos. Atualmente, muitos projectos de colaboração estão a gerar simulações climáticas a partir da redução dinâmica para comparações entre modelos e avaliações de impacto. Estes projectos incluem o Coordinated Regional Climate Downscaling Experiment (CORDEX), que produz simulações climáticas dinâmicas de escala descendente para todos os continentes, e o North American Regional Climate Change Assessment Program (NARCCAP), que fornece simulações climáticas de alta resolução para os Estados Unidos, o norte do México e o Canadá (Glotter et al, 2014). Estes projectos disponibilizaram um grande número de simulações climáticas de alta resolução que podem ser utilizadas para a análise de futuras projecções climáticas em diferentes regiões.

Neste documento, são utilizadas simulações climáticas dinâmicas de modelos climáticos regionais de alta resolução, obtidas a partir da Coordinated Regional Climate Downscaling Experiment (CORDEX), para produzir projecções de alterações climáticas para a Tanzânia. Este estudo é importante porque a informação fornecida é valiosa para o planeamento da adaptação e estudos de avaliação do impacto.

CAPÍTULO 2

2. Dados e metodologia

2.1 Área de estudo

A Tanzânia está situada entre as latitudes 1°S e 12°S e as longitudes 29°E a 41°E. O país tem um tipo de clima tropical que varia entre regiões, influenciado pela heterogeneidade regional que cobre uma área de 885 800 quilómetros quadrados que se estende por mais de 1000 km^2 para o interior a partir da costa do Oceano Índico (Luhunga et al., 2014). Além disso, a Tanzânia tem várias caraterísticas físicas que contribuem para a elevada variabilidade local do seu clima, como a topografia que vai do nível do mar até 1600 m e o Lago Tanganica a oeste, a Montanha Kilimanjaro com altitudes de 5895 m e o Lago Vitória a norte, o Rio Ruvuma e o Lago Nyasa a sul. Muitas zonas do país situam-se acima dos 1000 m de altitude. O país tem uma sazonalidade complexa associada ao Oceano Índico Ocidental, à Zona de Convergência Intertropical (ITCZ), aos ventos de monção, à massa de ar do Congo, às ondas tropicais e ao Oceano Pacífico tropical (Black et al., 2003; Black, 2005; Anyah e Semazzi 2007).

A Tanzânia regista dois tipos de padrões de precipitação, bimodal e unimodal. Estes padrões de precipitação são influenciados pelo movimento da ITCZ que se desloca para sul em outubro e atinge as partes meridionais do país em janeiro ou fevereiro e inverte para norte em março, abril e maio. Este movimento faz com que as regiões do Sudoeste, Centro, Sul e Oeste do país recebam um padrão de precipitação unimodal que começa em outubro e continua até abril ou maio. Enquanto as regiões do Norte, da costa setentrional, das terras altas do Nordeste, da bacia do Lago Vitória e da Ilha de Zanzibar recebem duas precipitações sazonais distintas - a estação de chuvas curtas (*Vuli*) que começa em outubro e continua até dezembro (OND) e a estação de chuvas longas (*Masika*) que começa em março e continua até maio (MAM).

A precipitação sazonal na Tanzânia varia significativamente no espaço e no tempo. A variação é maior durante as estações de chuvas curtas (*Vuli*) do que durante as estações de chuvas longas (*Masika*) (Zorita e Tillya, 2002). A quantidade de precipitação total nestas estações varia normalmente entre 50 e 200 mm por mês, mas varia muito entre regiões (McSweeney et al., 2010). O total anual de precipitação também varia de 200 mm a 1000 mm na maior parte do país. A maior quantidade de precipitação anual total é registada nas terras altas do sudoeste e do nordeste. A Tanzânia Central é uma região semi-árida que recebe uma precipitação anual inferior a 400 mm. A temperatura média anual na Tanzânia varia entre 25 e 32 C. No entanto, nas terras altas as temperaturas são ligeiramente mais baixas, por exemplo, durante o mês quente (fevereiro) e o mês mais frio (julho) a temperatura é de 20 C e 10 C, respetivamente. Outras partes do país têm uma temperatura superior a 20 C, com as temperaturas mais elevadas ao longo das regiões costeiras e partes ocidentais do país. A estação com temperaturas elevadas começa em outubro e prolonga-se até fevereiro ou março, enquanto a estação fria começa em maio e prolonga-se até agosto.

2.2 Dados

2.2.1   Dados do modelo

Este estudo utiliza simulações climáticas de três Modelos Climáticos Regionais (RCM) de alta resolução forçados por três Modelos de Circulação Geral (GCM) da iniciativa Coordinated Regional Climate Downscaling Experiment (CORDEX). Esta iniciativa foi lançada pelo Programa Mundial de Investigação Climática (WCRP) para produzir conjuntos de dados climáticos de alta resolução em diferentes regiões do mundo (Gutowski et al., 2016). O domínio de África utilizado pelo CORDEX para a integração de modelos está representado em

Figura 1.

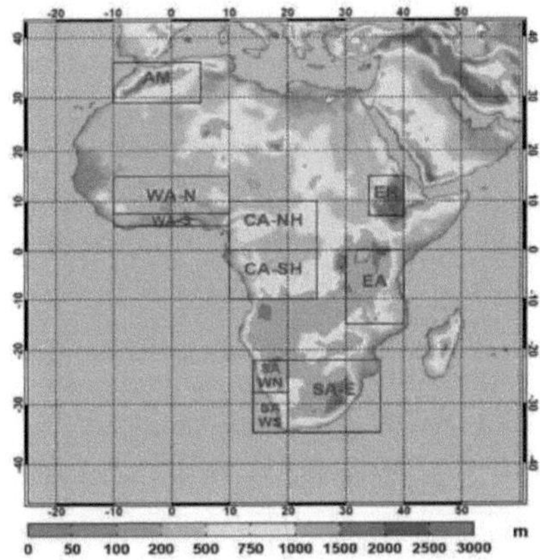

Figura 1: Domínio CORDEX para integrações de modelos sobre África, mostrando a topografia em (m) (retirado de https://www.imk-tro.kit.edu/english/4659.php)

O CORDEX arquiva todos os seus dados na Earth System Grid Federation (ESGF). A ESGF utiliza software que permite aos utilizadores aceder a todos os dados arquivados de forma transparente (Juckes et al., 2013). Neste estudo, os dados climáticos do CORDEX-Africa foram acedidos a partir do sítio Web https://esg-dn1.nsc.liu.se/projects/esgf-liu/. Estes conjuntos de dados são de qualidade controlada e podem ser utilizados de acordo com os termos de utilização (http://wcrp-cordex.ipsl.jussieu.fr/). As resoluções espaciais da grelha de todos os modelos climáticos regionais CORDEX (CORDEX_RCM) são fixadas em 0,44° de longitude e 0,44° de latitude, utilizando coordenadas de um sistema de pólos rodados em que os modelos funcionam num domínio equatorial com uma resolução espacial quase uniforme de aproximadamente 50 km por 50 km. Para uma descrição pormenorizada dos CORDEX_RCMs e da sua dinâmica e parametrização física, o leitor pode consultar Nikulin et al (2012). Os CORDEX_RCMs e os GCMs que os impulsionam utilizados aqui estão listados na Tabela 1. São utilizados os valores diários das temperaturas mínimas e máximas e da precipitação dos CORDEX_RCMs para as condições climáticas históricas (1971-2000) e para as projecções climáticas futuras no âmbito de dois cenários das Vias de Concentração Representativas (RCP4.5) e (RCP 8.5) para o presente (2011-2040), meados (2041-2070) e final (2071-2100) séculos.

2.3 Metodologia

A compreensão das futuras alterações climáticas regionais ou sub-regionais com base num modelo climático individual está sujeita a uma série de incertezas que advêm das condições de fronteira, da variabilidade natural nos modelos climáticos e das diferenças nas formulações dos modelos (Min et al., 2013). A Fig.2 indica os ciclos anuais projectados da temperatura máxima na Tanzânia durante o presente (2011-2040), meados (2041-2070) e (2071-2100) sob RCP 4.5. A figura retrata as incertezas associadas aos modelos individuais na simulação de possíveis temperaturas máximas futuras na Tanzânia.

A fim de reduzir as incertezas associadas aos modelos climáticos individuais, adaptou-se neste estudo uma média de conjunto ou uma abordagem média de vários modelos. A média do conjunto das simulações climáticas actuais (1971-2000) e futuras (2011-2100) de cinco combinações RCM-GCM foi criada e utilizada para produzir as alterações climáticas futuras da Tanzânia.

A média do conjunto do clima futuro foi criada com base em duas vias de concentração representativas (RCP): RCP 8.5 e RCP 4.5. As futuras alterações climáticas na Tanzânia são avaliadas através da análise da alteração da precipitação média, das temperaturas mínimas e máximas durante os séculos atual (2011-2040), médio (2041-2070) e final (2071-2100) em ambos os cenários (RCP4.5) e (RCP 8.5) relativamente ao período de referência (1971-2000).

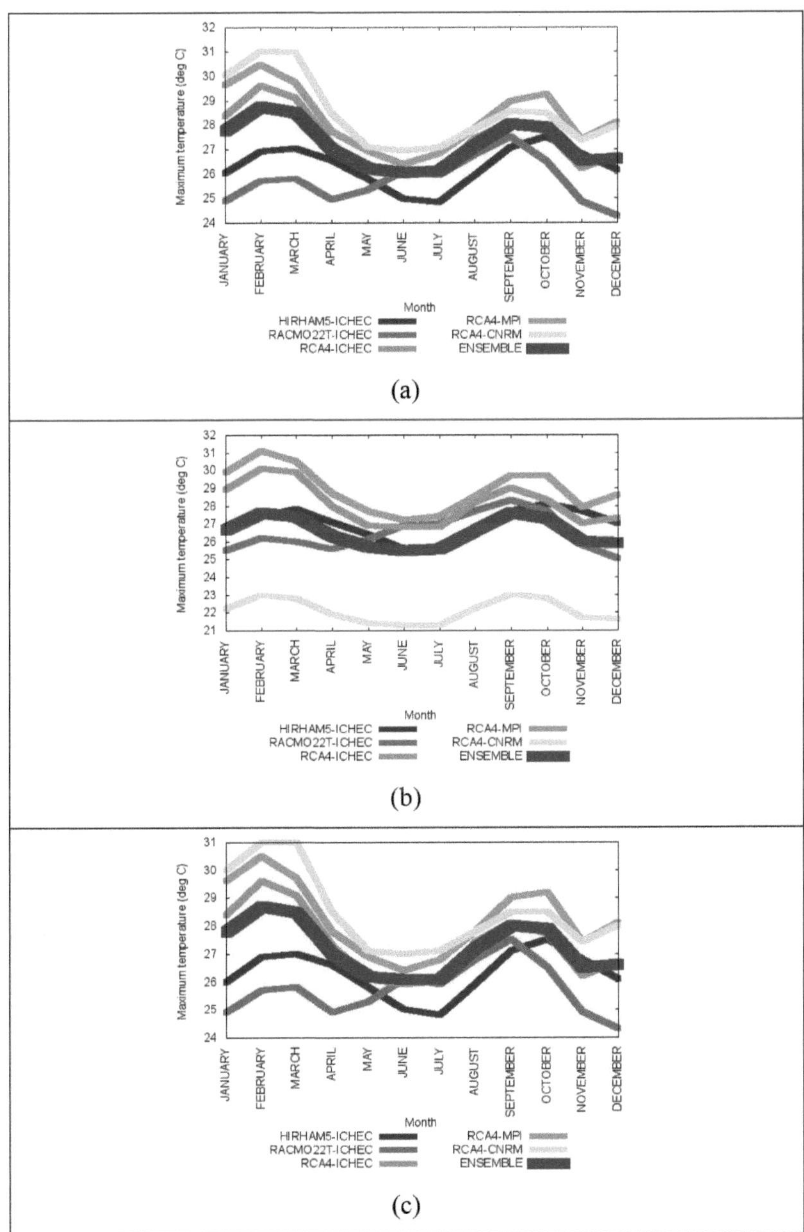

Figura 1. Projecções da temperatura máxima na Tanzânia (a) nos séculos atual (20112040), médio (2041-2070) e final (2071-2100) no cenário de emissões RCP 4.5.

No.	RCM	Model Centre	Short name of RCM	Driving GCM	Representative Concentration Pathways (RCPs) and simulation period considered in this study
1	DMI HIRHAM5	Danmarks Meteorologiske Institut(DMI), Danmark	HIRHAM5	ICHEC-EC-EARTH	RCP4.5, RCP8.5 and from 1971-2100
2	SMHI Rossby Center Regional Atmospheric Model (RCA4)	Sveriges Meteorologiska och Hydrologiska Institut (SMHI), Sweden	RCA4	MPI-M-MPI-ESM-LR	RCP4.5,RCP8.5 and from 1971-2100
				ICHEC-EC-EARTH	RCP4.5,RCP8.5 and from 1971-2100
				CNRM-CERFACSCNRM-CM5	RCP4.5,RCP8.5 and from 1971-2100
3	KNMI Regional Atmospheric Climate Model, version 2.2 (RACMO2.2T)	Koninklijk Nederlands Meteorologisch, Instituut (KNMI), Netherlands	RACMO22T	ICHEC-EC-EARTH	RCP4.5,RCP8.5 and from 1971-2100

CAPÍTULO 3

3. Resultados

A análise da projeção climática baseada num modelo climático individual está sujeita a uma incerteza que decorre do Modelo Climático Regional (RCM) ou do Modelo de Circulação Geral (GCM) que o conduz. Para ter em conta as incertezas, a média do conjunto de 5 membros do modelo climático (HIRHAM5 e RACMO22T, ambos forçados pelo ICHEC-EC-EARTH, RCA4 forçado por três GCM: MPI-M-MPI-ESM-LR, CNRM-CERFACSCNRM-CM5 e ICHEC-EC-EARTH) foi criada e utilizada para análise. Os resultados da projeção climática a partir de uma média de conjunto são aqui apresentados em duas subsecções. A primeira sub-secção analisa as projecções das alterações climáticas em séries temporais anuais e a segunda sub-secção analisa as projecções das alterações climáticas em séries temporais sazonais.

3.1 Projecções das alterações climáticas em séries cronológicas anuais

A distribuição espacial da temperatura máxima no século histórico (1971-2000) e atual (2011-2040) nos cenários de emissões RCP 8.5 e RCP 4.5 é apresentada na Fig. 3. Esta figura mostra que, no século atual, as partes ocidentais do país, o Centro, o Norte, a bacia do Lago Vitória, as partes orientais do Lago Nyasa, as terras altas do sudoeste e do nordeste deverão registar um aumento da temperatura máxima na ordem de 1 a 1,2 °C, tanto no cenário de emissões RCP 8.5 como no cenário RCP 4.5. Prevê-se que os aumentos mais baixos da temperatura máxima, na ordem dos 0,4 a 0,8 °C, ocorram nas regiões costeiras durante o presente século, nos cenários de emissões RCP 4.5 e RCP 8.5.

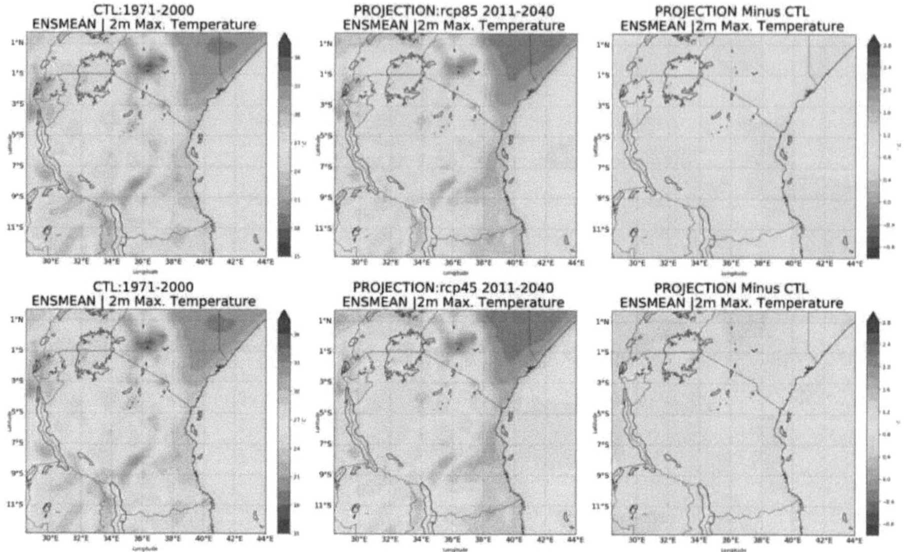

Figura 2: A média da temperatura máxima durante o período de referência (1971-2000), o século atual (2011-2040) e a alteração da temperatura durante o século atual, tanto no painel superior do RCP8.5 como no painel inferior do RCP 4.5

A distribuição espacial da temperatura máxima no clima de referência (1971-2000) e de meados do século (2041-2070) nos cenários de emissões RCP 8.5 e RCP 4.5 é apresentada na Fig.4. Esta figura mostra que as temperaturas máximas durante o meio do século são mais elevadas do que as do século atual. Prevê-se que ocorram nas regiões ocidentais, nas terras altas do sudoeste, na parte oriental do Lago Nyasa e na parte ocidental da bacia do Lago Vitória alterações mais elevadas das temperaturas máximas, na ordem dos 2,4 a 2,6 °C e dos 2 a 2,2 °C, nos cenários de emissões RCP 8.5 e 4.5, respetivamente. No entanto, prevêem-se alterações mais baixas na temperatura máxima, na ordem de 1,6 a 2 °C e de 1 a 1,2 °C, nas regiões costeiras, nos cenários de emissões RCP 8.5 e RCP 4.5, respetivamente. Parece que as temperaturas nas terras altas da Tanzânia serão provavelmente mais elevadas do que nas terras baixas (ou seja, nas regiões costeiras).

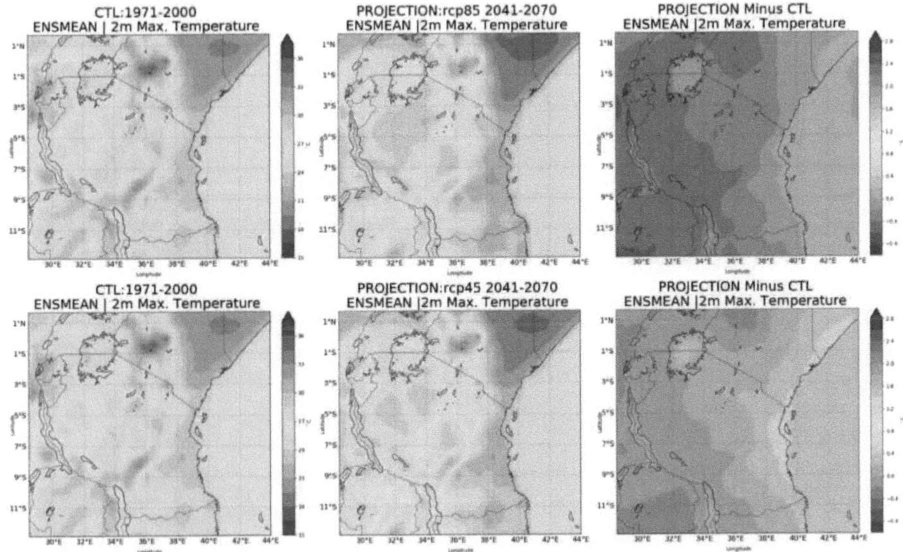

Figura 3: A média da temperatura máxima durante o período de base (1971-2000), meados do século (2041-2070) e a alteração da temperatura durante meados do século, tanto no painel superior do RCP8.5 como no painel inferior do RCP 4.5.

A distribuição espacial da temperatura máxima no clima de referência (1971-2000) e de fim de século (1971-2100) é apresentada na Fig.5. Juntamente com a Fig. 3-4, a Fig. 5 revela que é provável que haja uma tendência óbvia de aumento da temperatura máxima em todo o país em três períodos futuros (2011-2040), (2041-2070) e (2071-2100) em ambos os cenários de emissões RCP 8.5 e RCP 4.5. Isto é especialmente verdade para as zonas ocidentais do país, para as terras altas do sudoeste e para as zonas orientais do Lago Nyasa, onde se prevê que as temperaturas máximas sejam superiores a 3,5 °C e na ordem dos 2 a 2,4 °C nos cenários de emissões RCP 8.5 e RCP 4.5, respetivamente. Além disso, prevê-se que as partes orientais da bacia do Lago Vitória, partes das terras altas do nordeste, as regiões central, meridional e setentrional apresentem temperaturas máximas mais elevadas, na ordem dos 3 a 3,5 °C e 1,6 a 2 °C no final do século (2071-2100), nos cenários de emissões RCP 8.5 e RCP 4.5, respetivamente. No entanto, a região costeira registará um aumento menor da temperatura máxima, na ordem dos 2,5 a 3 °C e 1,4 a 1,6 °C no final do século (2071-2100), nos cenários de emissões RCP 8.5 e RCP 4.5, respetivamente.

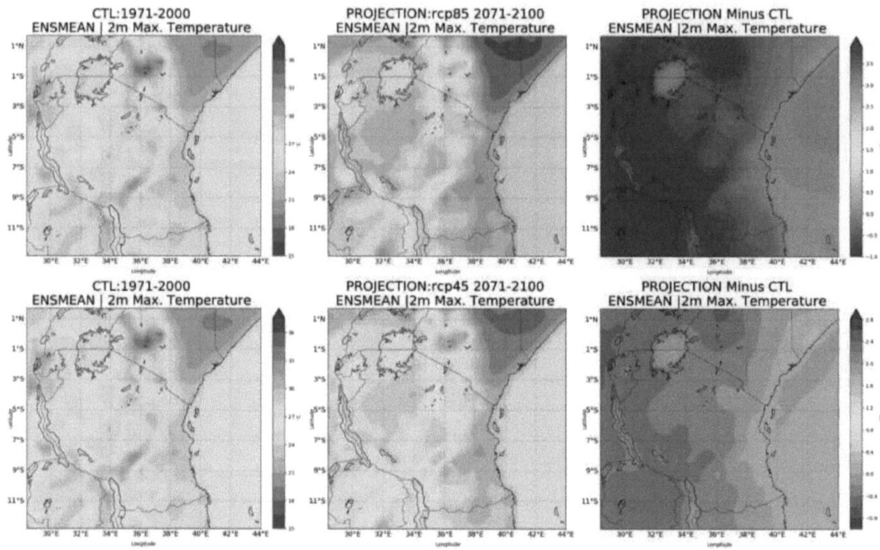

Figura 4: a média da temperatura máxima durante o período de base (1971-2000), o final do século (2071-2100) e a alteração da temperatura durante o final do século, tanto no painel superior do RCP8.5 como no painel inferior do RCP 4.5.

Para analisar mais aprofundadamente as tendências projectadas de aumento da temperatura máxima nas regiões, escolhemos vinte (20) regiões representativas e extraímos as projecções das temperaturas máximas em três períodos futuros (2011-2040), (2041-2070) e (2071-2100) sob dois cenários de emissões RCP 8.5 e RCP 4.5 e calculamos o seu desvio em relação ao período de referência (1971-2000). A informação sobre as regiões selecionadas é apresentada no Quadro. 2. Os resultados da análise são apresentados no Quadro. 3. É interessante verificar que, em todas as regiões representativas, é provável que haja uma tendência óbvia para o aumento da temperatura máxima em três períodos futuros, tanto no cenário de emissões RCP 8.5 como no cenário RCP 4.5. No RCP 8.5, o aumento da temperatura máxima nas regiões representativas deverá variar entre 0,2 e 2,4°C no século atual (2011-2040), 1,1 e 3,6°C em meados do século (2041-2070) e 2,3 e 5,2°C no final do século (2071-2100). É provável que ocorra um aumento menor da temperatura máxima, entre 0,2 e 2,3°C, e um aumento maior da temperatura máxima, entre 2,4 e 5,2°C, ao longo de Tanga e Iringa, respetivamente, em três períodos futuros no âmbito do RCP 8.5. As temperaturas máximas mais elevadas são susceptíveis de ocorrer na região de Iringa. Este facto será possivelmente atribuído à topografia da região de Iringa, que se situa nas terras altas do sudoeste da Tanzânia, a uma altitude de 1428 m. Enquanto que o menor aumento da temperatura máxima na região de Tanga será possivelmente influenciado pela sua localização ao longo da costa norte da Tanzânia. Em geral, prevê-se que as regiões das terras altas apresentem um aumento da temperatura máxima durante os três períodos futuros no âmbito do RCP 8.5. No cenário de emissões controladas (RCP 4.5), é provável que a temperatura máxima nas regiões representativas varie entre 0,1 e 2,3°C no século atual (2011-2040), 0,7 e 3°C em meados do século e 1 e 3,4°C no final do século.

Quadro 2. Informações sobre as regiões representativas selecionadas

No	Region name	Latitude (°)	Longitude (°)	Altitude(m)
1	Arusha	-3.37	36.63	1387
2	Bukoba	-1.33	31.82	1144
3	DIA	-6.87	39.2	53
4	Morogoro	-6.83	37.65	526
5	Musoma	-1.5	33.8	1147
6	Tanga	-5.08	39.07	49
7	Zanzibar	-6.22	39.23	18
8	Same	-4.08	37.73	860
9	Mwanza	-2.47	32.92	1140
10	Moshi	-3.35	37.33	813
11	Ilonga	-6.77	37.03	503
12	Kibaha	-6.83	38.97	167
13	KIA	-3.42	37.07	896
14	Dodoma	-6.12	35.77	1120
15	Iringa	-7.63	35.77	1428
16	Mbeya	-8.93	33.47	1758
17	Mtwara	-10.35	40.18	113
18	Kigoma	-4.86	29.63	820
19	Songea	-10.67	35.58	1036
20	Tabora	-5.08	32.83	1182

Tabela 3. Alteração projectada da temperatura máxima nas regiões representativas da Tanzânia

Station name	Baseline (1971-2000) °C	Present century (2011-2040) Change (°C)	Mid century (2041-2070) Change (°C)	End century (2071-2100) Change (°C)
Arusha	25.8	1.4[a] 1.4[b]	2.1[a] 2.7[b]	2.4[a] 4.0[b]
Bukoba	25.9	1.0[a] 1.1[b]	1.7[a] 2.4[b]	2.1[a] 4.0[b]
DIA	30.8	0.9[a] 0.9[b]	1.5[a] 2.0[b]	1.8[a] 3.3[b]
Morogoro	30.3	0.4[a] 0.5[b]	1.1[a] 1.7[b]	1.5[a] 3.0[b]
Musoma	28.5	0.9[a] 0.9[b]	1.5[a] 2.1[b]	1.8[a] 3.4[b]
Tanga	30.7	0.1[a] 0.2[b]	0.7[a] 1.1[b]	1.0[a] 2.3[b]
Zanzibar	30.6	0.5[a] 0.6[b]	1.1[a] 1.6[b]	1.4[a] 2.8[b]
Same	29.1	0.5[a] 0.6[b]	1.2[a] 1.9[b]	1.6[a] 3.2[b]
Mwanza	28.2	1.0[a] 1.1[b]	1.7[a] 2.9[b]	2.1[a] 3.8[b]
Moshi	29.5	2.3[a] 2.3[b]	3.0[a] 3.6[b]	3.3[a] 5.0[b]
Ilonga	30.4	0.1[a] 0.2[b]	0.8[a] 1.5[b]	1.2[a] 2.9[b]
Kibaha	30.6	0.3[a] 0.4[b]	0.9[a] 1.5[b]	1.3[a] 2.7[b]
KIA	29.8	1.5[a] 1.5[b]	2.2[a] 2.8[b]	2.5[a] 4.1[b]
Dodoma	28.9	0.7[a] 0.9[b]	1.5[a] 2.1[b]	1.9[a] 3.5[b]
Iringa	26.5	2.2[a] 2.4[b]	3.0[a] 3.6[b]	3.4[a] 5.2[b]
Mbeya	23.8	0.7[a] 0.8[b]	1.5[a] 2.1[b]	1.9[a] 3.8[b]
Mtwara	30.2	1.0[a] 1.1[b]	1.7[a] 2.2[b]	1.9[a] 3.5[b]
Kigoma	28.6	0.6[a] 0.7[b]	1.3[a] 1.9[b]	1.6[a] 3.4[b]
Songea	26.9	0.6[a] 0.8[b]	1.4[a] 2.0[b]	1.7[a] 3.6[b]
Tabora	29.7	0.5[a] 0.7[b]	1.3[a] 1.9[b]	1.6[a] 3.5[b]

[a]RCP 4.5.
[b]RCP 8.5.

A distribuição espacial da temperatura mínima na linha de base (1971-2000) e no clima do século atual (2011-2040) é apresentada na Fig.6. Esta figura indica que as partes ocidentais do país, o Centro, o Norte, a bacia do Lago Vitória, as partes orientais do Lago Nyasa, as terras altas do sudoeste e do nordeste deverão registar um aumento da temperatura mínima na ordem de 1 a 1,4 °C e 0,2 a 1,2 °C nos cenários de emissões RCP 8.5 e RCP 4.5, respetivamente. As regiões costeiras deverão registar um aumento da temperatura mínima de 0,8 a 1 °C e de 0,4 a 0,8 °C nos cenários de emissões RCP 8.5 e RCP 4.5, respetivamente.

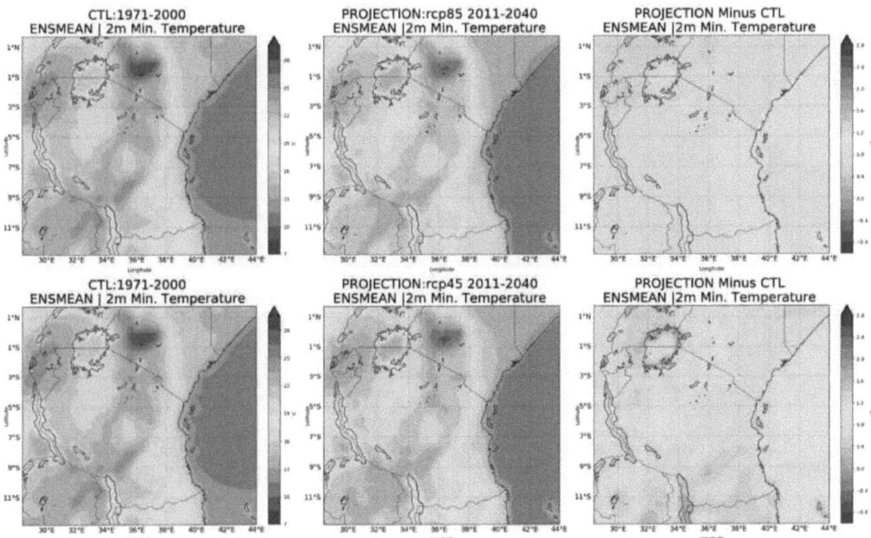

Figura 5: A média da temperatura mínima durante o período de referência (1971-2000), o século atual (2011-2040) e a alteração da temperatura durante o século atual, tanto no painel superior do RCP8.5 como no painel inferior do RCP 4.5.

A Fig. 7 indica a alteração projectada da temperatura mínima durante meados do século (2041-2070) nos cenários de emissões RCP 8.5 e RCP 4.5 em relação ao período de referência (1971-2000). Verifica-se que, em meados do século, as temperaturas mínimas na maior parte do país deverão tornar-se mais quentes do que no século atual. Isto é especialmente verdade na parte ocidental da bacia do Lago Vitória e em partes das terras altas do Nordeste no cenário de emissões RCP 8.5, onde se prevê que as temperaturas mínimas sejam superiores a 2,8 °C. Prevê-se que a parte ocidental do país e as terras altas do sudoeste apresentem um aumento da temperatura mínima na ordem dos 2,2 a 2,4 °C e 1,6 a 2 °C nos cenários de emissões RCP 8.5 e RCP 4.5, respetivamente. Nas regiões do sul do país e nas regiões central e costeira, prevê-se que as temperaturas mínimas sejam mais quentes, entre 1,8 e 2 °C e entre 1,4 e 2 °C, nos cenários de emissões RCP 8.5 e RCP

4.5, respetivamente. Em geral, a temperatura mínima nas terras altas é suscetível de se tornar mais quente do que nas zonas baixas, como as regiões costeiras.

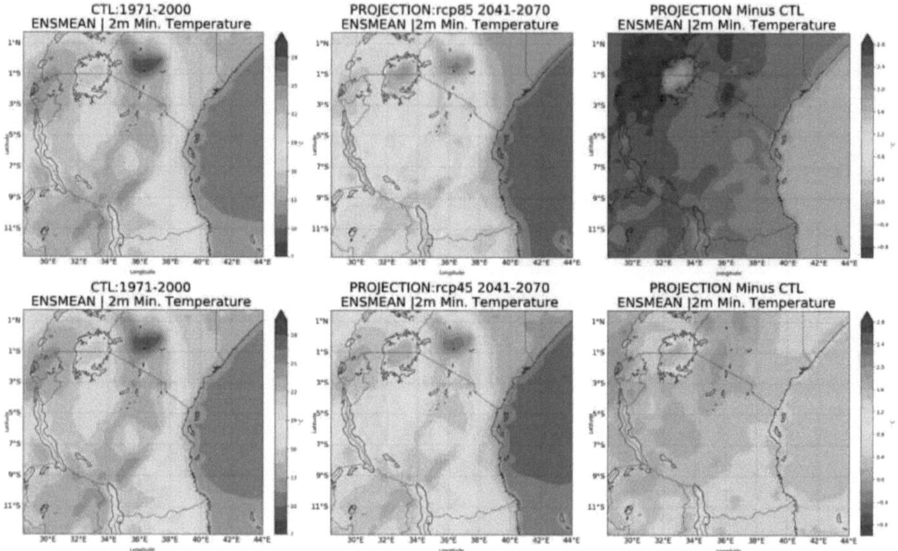

Figura 6: A média da temperatura mínima durante o período de base (1971-2000), meados do século (2041-2070) e a alteração da temperatura durante o século atual, tanto no painel superior do RCP8.5 como no painel inferior do RCP 4.5.

A distribuição da temperatura mínima durante o período de referência (1971-2000) e o clima do final do século (2071-2100) nos cenários de emissões RCP 8.5 e RCP 4.5 é apresentada na Fig. 8. Em comparação com as alterações projectadas nas temperaturas mínimas apresentadas nas Figuras 6 e 7, a Figura 8 mostra que é provável que ocorram valores mais elevados de aumento da temperatura mínima na maior parte do país durante o final do século (2071-2100). Prevê-se que o lado ocidental da bacia do Lago Vitória e partes das terras altas do nordeste apresentem temperaturas mínimas mais elevadas na ordem dos 4,5 a 4,8 °C no cenário de emissões RCP 8.5. Enquanto as terras altas do sudoeste e do nordeste, as regiões ocidentais e centrais deverão registar um aumento da temperatura mínima na ordem dos 3,9 a 4,5 °C e 1,6 a 2,2 °C nos cenários de emissões RCP 8.5 e RCP 4.5, respetivamente.

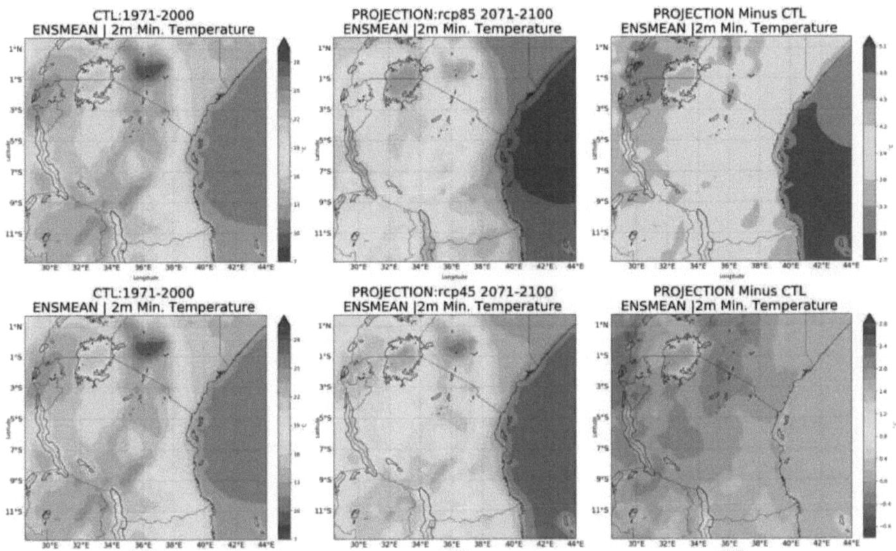

Figura 7: a média da temperatura mínima durante o período de referência (1971-2000), o final do século (2071-2100) e a alteração da temperatura durante o final do século, tanto no painel superior do RCP8.5 como no painel inferior do RCP 4.5.

Para uma análise mais aprofundada, a fim de investigar a tendência temporal da temperatura mínima, extraímos a temperatura mínima projectada para vinte (20) regiões representativas em três períodos futuros, nos cenários de emissões RCP 8.5 e RCP 4.5, e comparámos com as simulações para o período de referência (1971-2000). Os resultados são apresentados no Quadro 4. É interessante verificar que a maioria das regiões é suscetível de apresentar um aumento da temperatura mínima em três períodos futuros, tanto no cenário de emissões RCP 8.5 como no cenário RCP 4.5. No entanto, no presente século (2011-2040), as regiões de Bukoba, Dar es Salaam e Mtwara deverão registar uma diminuição da temperatura mínima na ordem dos -0,5 a -0,4°C, -0,1°C a zero e -0,9 a -0,8°C, respetivamente.

Tabela 4. Alteração projectada da temperatura mínima nas regiões representativas da Tanzânia

Station name	Baseline (1971-2000) °C	Present century (2011-2040) Change (°C)	Mid century (2041-2070) Change (°C)	End century (2071-2100) Change (°C)
Arusha	14.3	1.0 [a] / 1.1 [b]	1.8 [a] / 2.4 [b]	2.2 [a] / 4.0 [b]
Bukoba	16.7	-0.5 [a] / -0.4 [b]	0.3 [a] / 1.1 [b]	0.8 [a] / 3.0 [b]
DIA	21.0	-0.1 [a] / 0.0 [b]	0.5 [a] / 1.1 [b]	0.9 [a] / 2.6 [b]
Morogoro	19.0	0.8 [a] / 0.9 [b]	1.5 [a] / 2.1 [b]	1.9 [a] / 3.6 [b]
Musoma	17.6	0.6 [a] / 0.7 [b]	1.4 [a] / 2.0 [b]	1.7 [a] / 3.6 [b]
Tanga	22.2	1.9 [a] / 2.0 [b]	2.6 [a] / 3.1 [b]	2.9 [a] / 4.5 [b]
Zanzibar	22.2	0.6 [a] / 0.7 [b]	1.2 [a] / 1.8 [b]	1.6 [a] / 3.2 [b]
Same	17.7	0.8 [a] / 0.9 [b]	1.5 [a] / 2.1 [b]	1.9 [a] / 3.6 [b]
Mwanza	17.5	0.3 [a] / 0.4 [b]	1.0 [a] / 1.8 [b]	1.5 [a] / 3.4 [b]
Moshi	17.8	1.7 [a] / 1.8 [b]	2.5 [a] / 3.1 [b]	2.8 [a] / 4.7 [b]
Ilonga	19.5	0.1 [a] / 0.2 [b]	0.8 [a] / 1.4 [b]	1.1 [a] / 2.9 [b]
Kibaha	20.9	0.7 [a] / 0.7 [b]	1.3 [a] / 1.9 [b]	1.7 [a] / 3.4 [b]
KIA	17.2	1.2 [a] / 1.2 [b]	1.9 [a] / 2.6 [b]	2.3 [a] / 4.2 [b]
Dodoma	16.8	0.9 [a] / 1.0 [b]	1.7 [a] / 2.3 [b]	2.1 [a] / 3.9 [b]
Iringa	14.5	1.5 [a] / 1.6 [b]	2.3 [a] / 2.9 [b]	2.7 [a] / 4.6 [b]
Mbeya	10.9	0.8 [a] / 1.2 [b]	1.5 [a] / 2.4 [b]	1.9 [a] / 4.1 [b]
Mtwara	21.0	-0.9 [a] / -0.8	-0.2 [a] / 0.3 [b]	0.1 [a] / 1.8 [b]
Kigoma	18.8	1.6 [a] / 1.7 [b]	2.4 [a] / 3.0 [b]	2.7 [a] / 4.7 [b]
Songea	15.8	0.7 [a] / 0.8 [b]	1.4 [a] / 2.0 [b]	1.8 [a] / 3.5 [b]
Tabora	17.1	0.6 [a] / 0.6 [b]	1.3 [a] / 2.0 [b]	1.7 [a] / 3.6 [b]

[a] RCP 4.5.
[b] RCP 8.5.

A Fig. 9 mostra a alteração projectada da precipitação anual durante o século atual (2011-2040) em relação ao período de referência (1971-2000) nos cenários de emissões RCP 8.5 e RCP 4.5. Parece que a maior parte das regiões do país irá provavelmente registar um aumento da precipitação durante o século atual, tanto no cenário de emissões RCP 8.5 como no cenário RCP 4.5. Isto é verdade especialmente nas regiões costeiras, partes das terras altas do nordeste, regiões do norte, partes ocidentais e meridionais da bacia do Lago Vitória, onde se prevê que a precipitação aumente entre 0,15 e 0,45 mm/dia nos cenários de emissões RCP8.5 e RCP4.5. Embora se preveja que a maior parte do país registe um aumento da precipitação durante o presente século, as terras altas do sudoeste, as partes orientais do Lago Nyasa e as regiões ocidentais deverão registar uma diminuição da precipitação na ordem dos 0,15 a 0,3 mm/dia, tanto no cenário de emissões RCP8.5 como no RCP4.5.

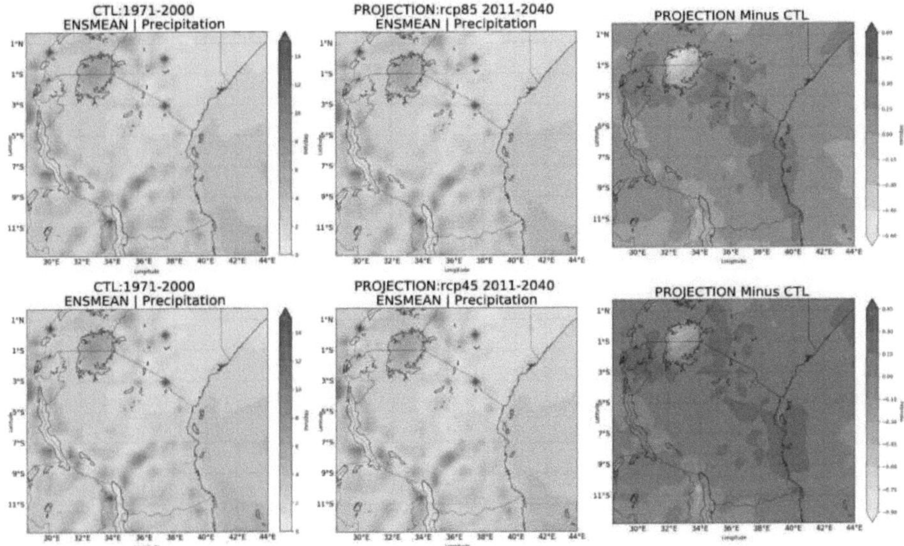

Figura 8: Precipitação em mm/dia durante o período de base (1971-2000), no século atual (2011-2040) e alteração da precipitação tanto no painel superior do RCP8.5 como no painel inferior do RCP 4.5.

As alterações projectadas na precipitação durante meados do século (2041-2070) em relação ao período de referência (1971-2000) são apresentadas na Fig.10. Esta figura mostra que, em ambos os cenários de emissões (RCP 8.5 e RCP 4.5), a maior parte das regiões do país registará um aumento da quantidade de precipitação entre zero e 0,25 mm/dia. No entanto, as regiões do norte e partes das terras altas do nordeste deverão registar um aumento relativamente elevado da precipitação, na ordem dos 0,25 a 0,5 mm/dia, em ambos os cenários de emissões RCP 8.5 e RCP 4.5. Além disso, prevê-se que as regiões costeiras apresentem um aumento da precipitação na ordem dos 0,25 a 0,5 mm/dia nos cenários de emissões RCP 4.5. Embora se preveja que as alterações na precipitação aumentem na maior parte do país durante meados do século (2041-2070) nos cenários de emissões RCP 8.5 e RCP

4.5, prevê-se que as regiões ocidentais, as terras altas do sudoeste, as regiões meridionais e o lado oriental do Lago Nyasa sofram uma diminuição da precipitação na ordem dos 0,25 a 0,75 mm/dia.

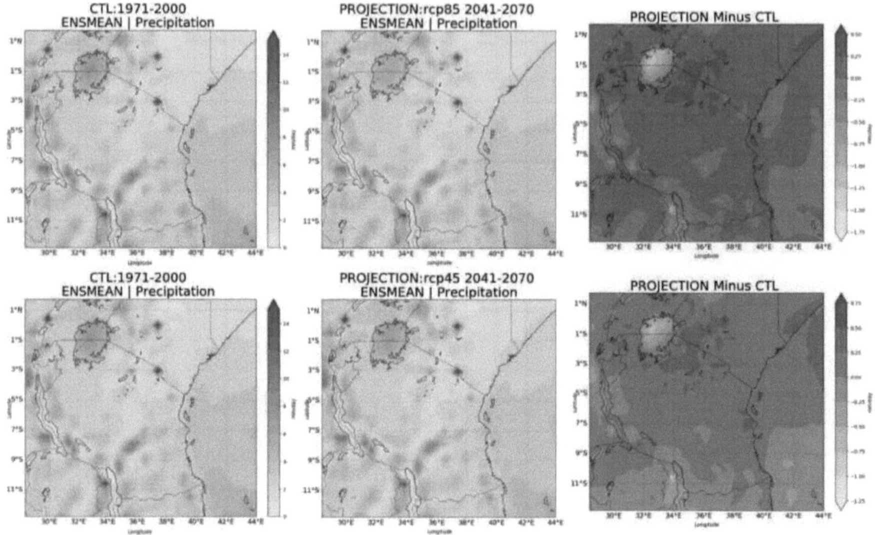

Figura 9: Precipitação em mm/dia durante o período de base (1971-2000), século atual (2041-2070) e alteração da precipitação tanto no painel superior do RCP8.5 como no painel inferior do RCP 4.5.

A Fig. 11 mostra a alteração projectada da precipitação durante o final do século (2071-2100) nos cenários de emissões RCP 8.5 e RCP 4.5 em relação ao período de referência (1971-2000). Parece que a precipitação aumentará no final do século nos cenários de emissões RCP 8.5 e 4.5. Isto é especialmente verdade nas regiões setentrionais, em partes das terras altas do nordeste e nas regiões costeiras, onde se prevê um aumento da precipitação na ordem de 0,5 a 1 mm/dia e de 0,25 a 0,5 mm/dia nos cenários de emissões RCP 8.5 e RCP 4.5, respetivamente. No entanto, as regiões ocidentais, as terras altas do sudoeste e o lado oriental do Lago Nyasa deverão registar uma diminuição da quantidade de precipitação na ordem de 0,5 a 1 mm/dia, tanto no cenário de emissões RCP 8.5 como RCP 4.5.

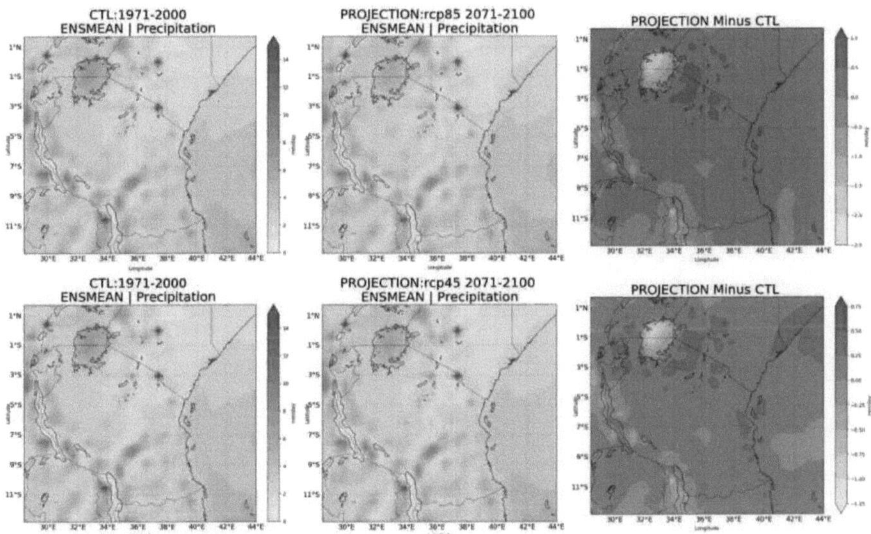

Figura 10: Precipitação em mm/dia durante o período de base (1971-2000), século atual (2071-2100) e alteração da precipitação tanto no painel superior do RCP8.5 como no painel inferior do RCP 4.5.

A análise adicional para investigar a tendência temporal da precipitação anual foi realizada através da extração da precipitação projectada para vinte regiões representativas nos três períodos futuros e comparada com as simulações para o período de referência. Os resultados são apresentados no Quadro 5. Embora se preveja que as alterações na precipitação anual nestas 20 regiões sejam distintas umas das outras, é provável que a maioria das regiões registe um aumento da precipitação. No âmbito do RCP 8.5, a maioria das regiões deverá registar um aumento da precipitação, variando entre zero e 56% no século atual (2011-2040), zero e 51% em meados do século (2041-2070) e 1 e 62% no final do século. Enquanto no RCP 4.5, a maioria das regiões deverá registar um aumento da precipitação entre zero e 54,7%, zero e 53% e 2 e 55% durante o século atual (2011-2040), meados (2041-2070) e final (2071-2100), respetivamente.

Tabela 5. Alteração projectada da precipitação em regiões representativas selecionadas da Tanzânia

Station name	Baseline (1971-2000) mm	Present century (2011-2040) Change (%)	Mid century (2041-2070) Change (%)	End century (2071-2100) Change (%)
Arusha	782.9	-19 [a] -16 [b]	-14 [a] -10 [b]	-11 [a] 9 [b]
Bukoba	1835.3	-16 [a] -17 [b]	-17 [a] -19 [b]	-17 [a] -18 [b]
DIA	1121.6	11 [a] 13 [b]	14 [a] 9 [b]	13 [a] 16 [b]
Morogoro	829.5	55 [a] 56 [b]	53 [a] 51 [b]	55 [a] 62 [b]
Musoma	870.1	8 [a] 6 [b]	8 [a] 2 [b]	5 [a] -3 [b]
Tanga	1280.2	10 [a] 12 [b]	13 [a] 8 [b]	15 [a] 16 [b]
Zanzibar	1684.3	3 [a] 4	6 [a] 1	7 [a] 8
Same	541.6	13 [a] 17 [b]	17 [a] 13 [b]	17 [a] 27 [b]
Mwanza	1063.8	-17 [a] -16	-13 [a] -15	-14 [a] -10
Moshi	871.4	-69 [a] -67 [b]	-68 [a] -69 [b]	-67 [a] -65 [b]
Ilonga	1030.8	0 [a] 1 [b]	0 [a] -4 [b]	-1 [a] 1 [b]
Kibaha	956.3	19 [a] 20 [b]	22 [a] 16 [b]	21 [a] 24 [b]
KIA	531.3	-53 [a] -51 [b]	-50 [a] -51 [b]	-48 [a] -42 [b]
Dodoma	571.2	16 [a] 16 [b]	17 [a] 18 [b]	19 [a] 26 [b]
Iringa	594.8	-55 [a] -56 [b]	-57 [a] -58 [b]	-57 [a] -57 [b]
Mbeya	911.1	7 [a] 7 [b]	5 [a] 3 [b]	5 [a] 2 [b]
Mtwara	1087.5	15 [a] 17 [b]	13 [a] 15 [b]	18 [a] 22 [b]
Kigoma	974.5	-39 [a] -38 [b]	-44 [a] -50 [b]	-45 [a] -58 [b]
Songea	1082.4	0 [a] 0 [b]	0 [a] 0 [b]	2 [a] 1 [b]
Tabora	951.9	3 [a] 4 [b]	6 [a] 4 [b]	6 [a] 10 [b]

[a] RCP 4.5.
[b] RCP 8.5.

3.2 Projecções de alterações climáticas em séries temporais sazonais

As tendências da temperatura sazonal mínima e máxima para a Tanzânia nas condições climáticas da linha de base (19712000), do presente (2011-2040), de meados (2041-2070) e do final (2071-2100) dos séculos sob os cenários de emissões RCP 8.5 e RCP 4.5 são apresentadas na Tabela 6-7. Estas tabelas indicam que a Tanzânia registará um aumento das temperaturas mínimas e máximas durante os séculos atual (2011-2040), médio (2041-2070) e final (2071-2100) nos cenários de emissões RCP 8.5 e RCP 4.5. A Tabela 6 mostra que, na estação de junho-julho-agosto-setembro (JJAS), é provável que o país registe um aumento da temperatura máxima na ordem dos 1,7 a 2,4 °C e 2 a 4 °C em meados (2041-2070) e no final (2070-2100) dos séculos, respetivamente. Além disso, é provável que a temperatura mínima durante a estação JJAS aumente entre 1,5 e 2,2°C e entre 1,9 e 3,8°C em meados (2041-2070) e no final (2070-2100) dos séculos, respetivamente. Em geral, é provável que a estação fria (JJAS) da Tanzânia se torne mais quente do que a estação quente, que começa em outubro e se prolonga até abril ou maio. Este aquecimento pode ser atribuído ao aumento das emissões de gases com efeito de estufa, como o dióxido de carbono. Isto deve-se ao facto de se preverem temperaturas mais elevadas nos cenários de emissões "business as usual" (RCP 8.5) do que nos cenários de emissões controladas (RCP 4.5).

Tabela 6: Alterações projectadas na temperatura máxima para a Tanzânia

Season	Month	Baseline (1971-2000) °C	Present century (2011-2040) Change (°C)	Mid century (2041-2070) Change (°C)	End century (2071-2100) Change (°C)
JF	Jan	29.5	0.7[a] 0.7[b]	1.2[a] 1.7[b]	1.6[a] 3.0[b]
	Feb	30.0	0.8[a] 0.8[b]	1.4[a] 1.9[b]	1.6[a] 3.1[b]
MAM	March	29.8	1.0[a] 1.1[b]	1.6[a] 2.0[b]	1.9[a] 3.5[b]
	April	28.5	0.9[a] 0.9[b]	1.6[a] 2.2[b]	2.0[a] 3.5[b]
	May	27.6	0.9[a] 1.0[b]	1.6[a] 2.3[b]	2.0[a] 3.8[b]
JJAS	June	27.0	0.9[a] 1.0[b]	1.7[a] 2.3[b]	2.0[a] 3.8[b]
	July	26.7	0.9[a] 1.1[b]	1.7[a] 2.7[b]	2.1[a] 3.9[b]
	Aug	27.5	1.0[a] 1.1[b]	1.8[a] 2.3[b]	2.1[a] 3.9[b]
	Sept	28.9	1.0[a] 1.1[b]	1.8[a] 2.4[b]	2.2[a] 4.0[b]
OND	Oct	29.8	1.0[a] 1.0[b]	1.7[a] 2.3[b]	2.0[a] 4.0[b]
	Nov	29.9	0.7[a] 0.9[b]	1.4[a] 2.1[b]	1.8[a] 3.2[b]
	Dec	29.6	0.7[a] 0.7[b]	1.3[a] 1.8[b]	1.6[a] 2.9[b]
	Annual	28.7	0.9[a] 1.0[b]	1.6[a] 2.2[b]	1.9[a] 3.5[b]

[a]RCP 4.5.
[b]RCP 8.5.

Tabela 7: Alterações projectadas na temperatura mínima para a Tanzânia

Season	Month	Baseline (1971-2000) °C	Present century (2011-2040) Change (°C)	Mid century (2041-2070) Change (°C)	End century (2071-2100) Change (°C)
JF	Jan	19.3	0.7[a] 0.8[b]	1.4[a] 2.0[b]	1.8[a] 3.6[b]
	Feb	19.3	0.7[a] 0.7[b]	1.4[a] 2.0[b]	1.8[a] 3.5[b]
MAM	March	19.4	0.7[a] 0.9[b]	1.4[a] 2.0[b]	1.8[a] 3.6[b]
	April	19.2	0.7[a] 0.9[b]	1.4[a] 2.1[b]	1.8[a] 3.6[b]
	May	17.9	0.6[a] 0.7[b]	1.3[a] 2.0[b]	1.8[a] 3.6[b]
JJAS	June	16.0	0.7[a] 0.9[b]	1.5[a] 2.2[b]	1.9[a] 3.8[b]
	July	15.4	0.8[a] 0.8[b]	1.6[a] 2.2[b]	1.9[a] 3.8[b]
	Aug	15.8	0.8[a] 0.8[b]	1.5[a] 2.1[b]	1.8[a] 3.7[b]
	Sept	16.7	0.8[a] 0.9[b]	1.5[a] 2.1[b]	1.8[a] 3.7[b]
OND	Oct	18.0	0.7[a] 0.9[b]	1.5[a] 2.1[b]	1.8[a] 3.7[b]
	Nov	18.9	0.7[a] 0.8[b]	1.4[a] 2.0[b]	1.8[a] 3.5[b]
	Dec	19.3	0.6[a] 0.8[b]	1.4[a] 2.0[b]	1.7[a] 3.4[b]
	Annual	17.9	0.7[a] 0.8[b]	1.4[a] 2.1[b]	1.8[a] 3.6[b]

[a]RCP 4.5.
[b]RCP 8.5.

As distribuições espaciais da precipitação no século atual para as estações de outubro, novembro e dezembro (OND) nos cenários RCP 8.5 e RCP 4.5 são apresentadas na Fig. 12. A partir desta figura, mostra-se que a maioria das regiões do país registará um aumento da precipitação na ordem dos 0,3 a 0,6 mm/dia nos cenários de emissões RCP 8.5 e RCP 4.5. No entanto, prevê-se que as regiões ocidentais e as terras altas do sudoeste apresentem uma diminuição da precipitação entre zero e 0,3 mm/dia nos cenários de emissões RCP 8.5 e RCP 4.5. A Fig. 13 mostra a distribuição da precipitação em diferentes regiões em meados do século nos cenários RCP 8.5 e RCP 4.5. Prevê-se que as regiões da bacia do Lago Vitória registem um aumento da precipitação na ordem dos 0,3 a 0,6 mm/dia. No entanto, prevê-se que as regiões ocidentais e as terras altas do sudoeste apresentem uma diminuição da precipitação entre zero e 0,6 mm/dia. No final do século (ver Fig. 14), as regiões da bacia do Lago Vitória e as terras altas do nordeste deverão registar um aumento da precipitação na ordem dos 0,3 a

0,6 mm/dia. As terras altas do sudoeste e as regiões ocidentais deverão registar uma diminuição da precipitação entre zero e 0,6 mm/dia.

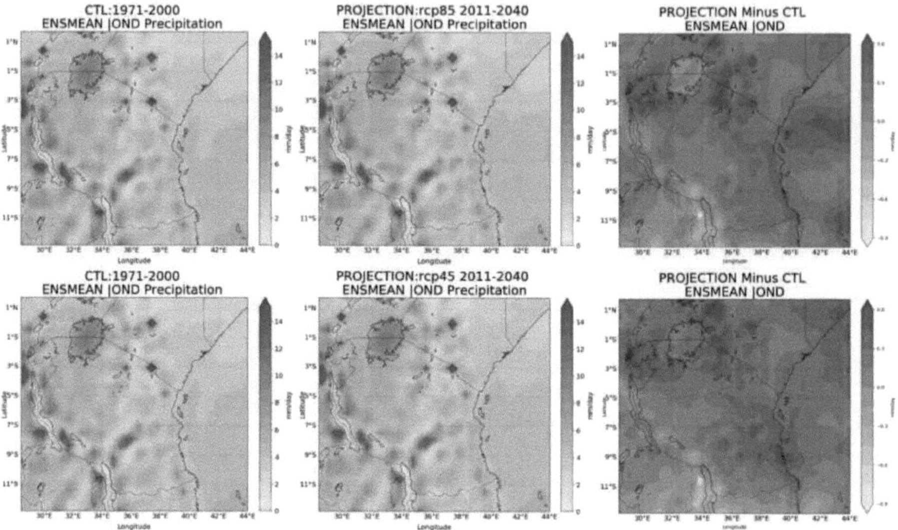

Figura 11: Precipitação em mm/dia para o OND durante o período de base (1971-2000), século atual (2011-2040) e alteração da precipitação tanto no painel superior do RCP8.5 como no painel inferior do RCP 4.5.

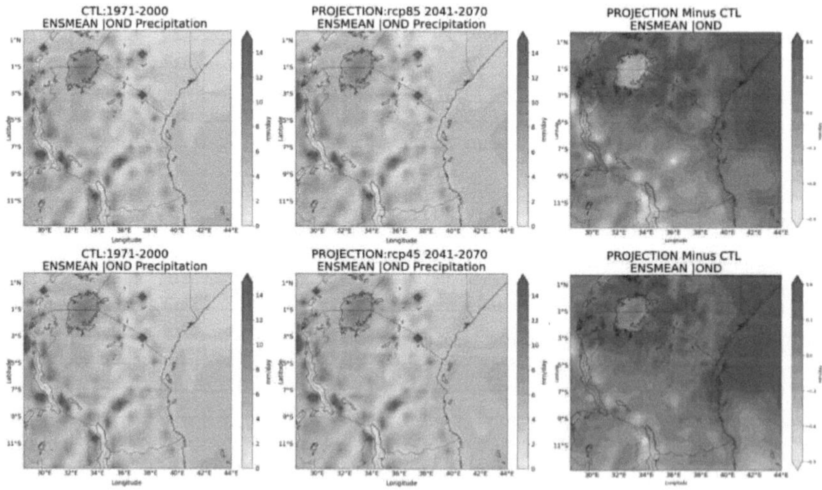

Figura 12: Precipitação em mm/dia para o OND durante o período de base (1971-2000), meados do século (2041-2070) e alteração da precipitação tanto no painel superior do RCP8.5 como no painel inferior do RCP 4.5.

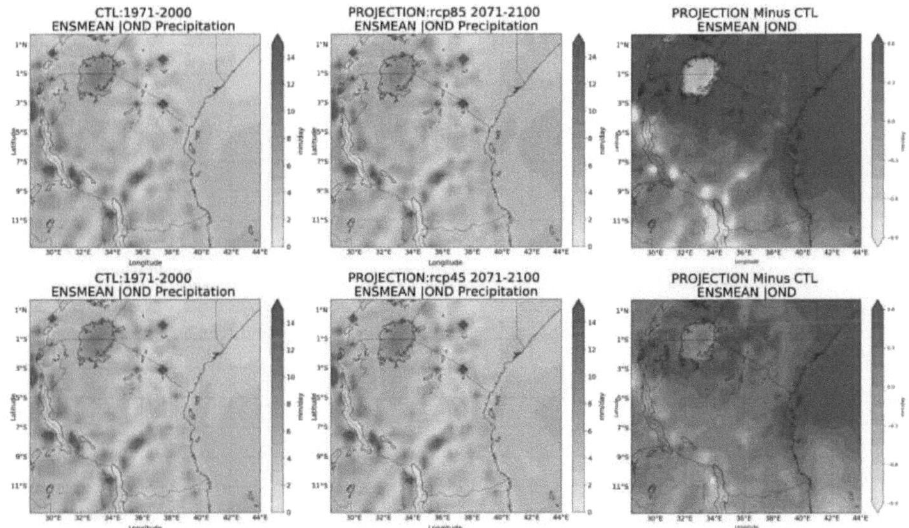

Figura 13: Precipitação em mm/dia para o OND durante o período de base (1971-2000), final do século (20712100) e alteração da precipitação tanto no painel superior do RCP8.5 como no painel inferior do RCP 4.5.

A distribuição espacial da precipitação durante o presente século na estação de março, abril e maio (MAM), tanto no RCP 8.5 como no RCP 4.5, é apresentada na Fig. 15. A partir desta figura, pode ver-se que, segundo o RCP 8.5 e o RCP 4.5, a maioria das regiões deverá registar um aumento da precipitação entre zero e 0,3 mm/dia. No entanto, as regiões da costa, norte, partes das terras altas do nordeste e partes da bacia do Lago Vitória deverão registar um aumento da precipitação na ordem dos 0,3 a 0,6 mm/dia. As terras altas do sudoeste registarão uma diminuição da precipitação na ordem de zero a 0,3 mm/dia. As regiões ocidentais, partes das terras altas do nordeste e as terras altas do sudoeste registarão provavelmente uma diminuição da precipitação na ordem dos zero a 0,3 mm/dia no cenário de emissões RCP 4.5.

Em meados do século (ver Fig. 16), prevê-se que a maioria das regiões apresente um aumento da precipitação na ordem dos 0,15 a 0,6 mm/dia e de zero a 0,3 mm/dia nos cenários de emissões RCP 8.5 e RCP 4.5, respetivamente. No entanto, as regiões ocidentais e as terras altas do sudoeste registarão uma diminuição da precipitação na ordem de zero a 0,6 mm/dia e de zero a 0,3 mm/dia, nos cenários de emissões RCP 8.5 e RCP 4.5, respetivamente. No final do século (ver Fig. 17), prevê-se que a maioria das regiões registe um aumento da precipitação na ordem dos 0,3 a 0,6 mm/dia, tanto no cenário de emissões RCP 8.5 como no cenário RCP 4.5. No entanto, prevê-se que as regiões ocidentais e as terras altas do sudoeste apresentem uma diminuição da precipitação na ordem de zero a 0,6 mm/dia e de zero a 0,3 mm/dia nos cenários de emissões RCP 8.5 e RCP 4.5, respetivamente.

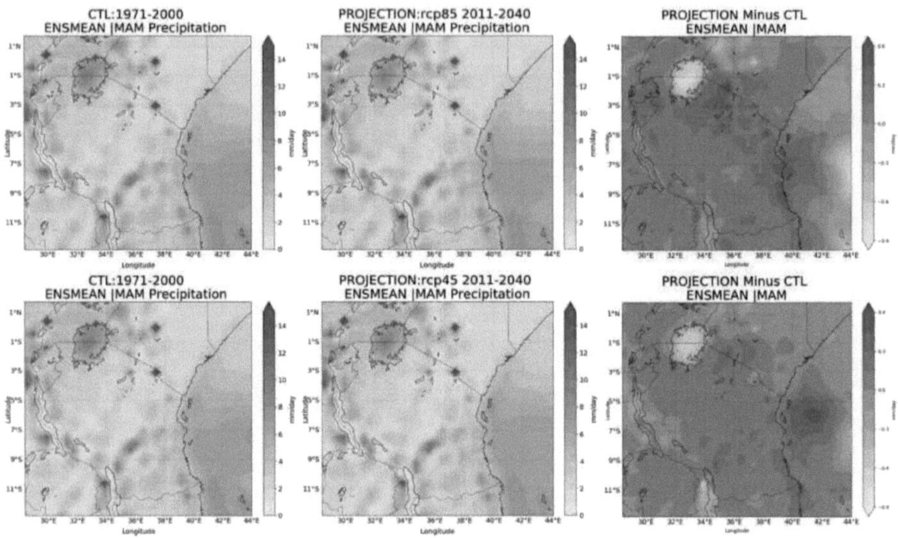

Figura 14: Precipitação em mm/dia para o MAM durante o período de base (1971-2000), século atual (2011-2040) e alteração da precipitação tanto no painel superior do RCP8.5 como no painel inferior do RCP 4.5.

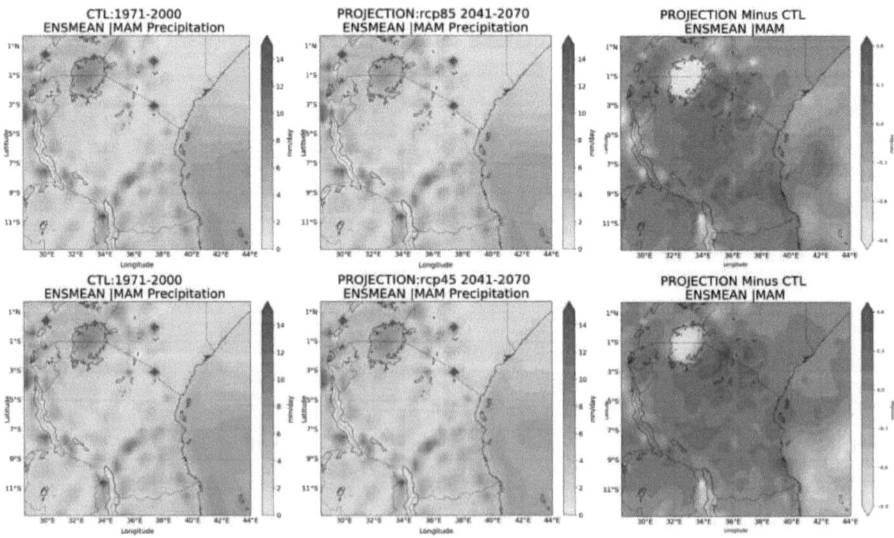

Figura 15: Precipitação em mm/dia para o MAM durante o período de base (1971-2000), meados do

século (2041-2070) e alteração da precipitação tanto no painel superior do RCP8.5 como no painel inferior do RCP 4.5.

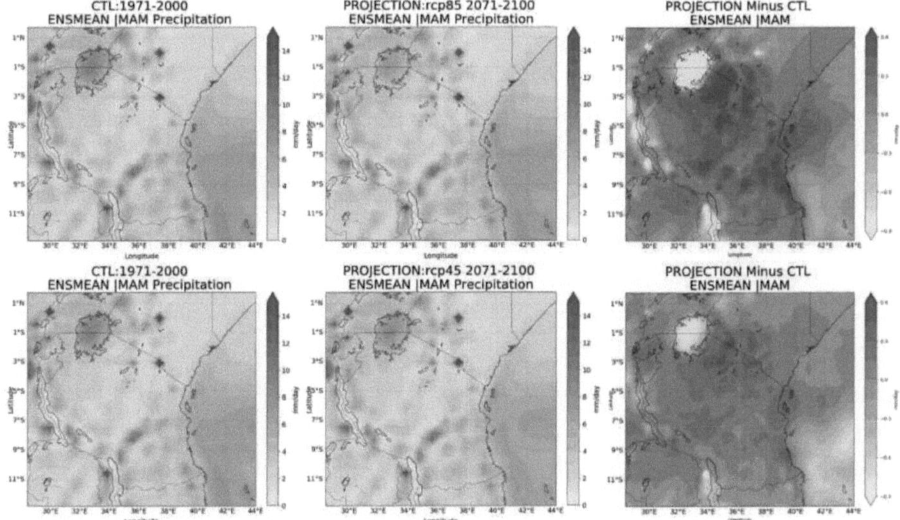

Figura 16: Precipitação em mm/dia para o MAM durante o período de base (1971-2000), meados do século (2041-2070) e alteração da precipitação tanto no painel superior do RCP8.5 como no painel inferior do RCP 4.5.

CAPÍTULO 4

4. Discussão

As incertezas nos estudos anteriores (p. ex., Mwandosya et al., 1998; Wambura et al., 2014 e Conway et al., 2017) que analisaram as projecções das alterações climáticas para a Tanzânia com base na simulação climática dos GCM de resolução espacial grosseira, fornecem provas salientes de que é necessário um grande esforço para fornecer projecções fiáveis das alterações climáticas para a Tanzânia. Neste estudo, apresentamos as projecções das alterações climáticas para a Tanzânia com base no conjunto de cinco modelos climáticos regionais de alta resolução do programa Coordinated Regional Climate Downscaling Experiment (CORDEX). Verifica-se que as temperaturas (mínimas e máximas) deverão aumentar em todo o país. Estes resultados dão mais apoio a outros estudos anteriores (por exemplo, Wambura et al., 2014 e Conway et al., 2017) que indicam um aumento das temperaturas futuras na Tanzânia. No entanto, o padrão e a magnitude das mudanças de temperatura apresentados neste estudo diferem muito dos estudos anteriores. Por exemplo, Conway et al. (2017) projectaram que quase todo o país sofrerá um aumento de temperatura de 1 a 1,5 °C a curto prazo (2021-2050) no âmbito da via RCP 8.5. Projetaram mudanças nas temperaturas na mesma gama de valores em quase todo o país, sem variações regionais. No entanto, as temperaturas (mínimas e máximas) apresentadas neste estudo variam regionalmente. Por exemplo, em meados do século (2041-2070), as regiões central, norte e oeste e as terras altas do sudoeste e nordeste deverão registar um aumento das temperaturas máximas na ordem dos 2,4 a 2,6 °C e dos 2 a 2,2 °C em relação a um período histórico (1971-2000), segundo as vias RCP 8.5 e RCP 4.5, respetivamente. No final do século (2071-2100), prevê-se que as zonas ocidentais do país, as terras altas do sudoeste e as zonas orientais do Lago Nyasa registem um aumento da temperatura máxima superior a 3,5 °C e na ordem dos 2 a 2,4 °C nos cenários de emissões RCP 8.5 e RCP 4.5, respetivamente. Prevê-se que estes aumentos das temperaturas máximas diminuam a produção das culturas, especialmente nas zonas baixas, onde algumas culturas estão próximas do seu nível máximo de tolerância à temperatura, uma vez que uma pequena alteração da temperatura pode provocar uma grande diminuição dos rendimentos.

Prevê-se que as futuras temperaturas mínimas aumentem em todo o país. Em meados do século (2041-2070), por exemplo, prevê-se que ocorram alterações mais elevadas nas temperaturas mínimas superiores a 2,8 °C na parte ocidental da bacia do Lago Vitória e em partes das terras altas do nordeste no cenário de emissões RCP 8.5. Prevê-se que a parte ocidental do país e as terras altas do sudoeste tenham um aumento da temperatura mínima na ordem dos 2,2 a 2,4 °C e 1,6 a 2 °C durante meados do século, nos cenários de emissões RCP 8.5 e RCP4.5, respetivamente. Prevê-se que a parte sul do país e as regiões central e costeira registem temperaturas mínimas mais elevadas, na ordem dos 1,8 a

2 °C e dos 1,4 a 2 °C, em meados do século, nos cenários de emissões RCP 8.5 e RCP 4.5, respetivamente. Prevê-se que estas alterações crescentes projectadas nas temperaturas mínimas diminuam a produção de arroz (Shaobing et al., 2004).

Em geral, prevê-se que o aumento das temperaturas (temperaturas mínimas e máximas) em diferentes regiões da Tanzânia tenha impacto no desenvolvimento socioeconómico. Prevê-se que o aumento das temperaturas reduza a duração da estação de crescimento de algumas culturas e incentive a erupção de doenças e pragas (Luhunga, 2017). Nas regiões centrais (Dodoma e Singida), que são semiáridas, é de esperar a erupção de novos parasitas e doenças que afectariam um grande número de animais. O aumento das temperaturas pode resultar na diminuição da humidade do solo, o que afectaria o escoamento superficial e os caudais dos rios (URT, 2003).

Prevê-se que as precipitações aumentem em quase todo o país. Prevê-se que a maioria das regiões apresente um aumento da precipitação na ordem dos 0,15 a 0,6 mm/dia e de zero a 0,3 mm/dia nos cenários de emissões RCP 8.5 e RCP 4.5, respetivamente. No entanto, em meados do século, as regiões ocidentais e as terras altas do sudoeste deverão registar uma diminuição da precipitação na ordem de zero a 0,6 mm/dia e de zero a 0,3 mm/dia, nos cenários de emissões RCP 8.5 e RCP 4.5, respetivamente. No final do século, é provável que a maioria das regiões registe um aumento da precipitação na ordem dos 0,3 a 0,6 mm/dia, tanto no cenário de emissões RCP 8.5 como no cenário RCP 4.5. No entanto, prevê-se que as regiões ocidentais e as terras altas do sudoeste apresentem uma diminuição da precipitação na ordem de zero a 0,6 mm/dia e de zero a 0,3 mm/dia nos cenários de emissões RCP 8.5 e RCP 4.5, respetivamente. O aumento previsto da temperatura e a diminuição da precipitação podem comprometer as actividades socioeconómicas nas regiões montanhosas do oeste e do sudoeste. Estas regiões contêm as quatro principais regiões de produção de alimentos básicos do país: Iringa, Mbeya, Ruvuma e Rukwa (Luhunga, 2017). As regiões são o cabaz de cereais da Tanzânia, onde se cultiva milho para fins comerciais. As actuais projecções climáticas para as regiões montanhosas do oeste e do sudoeste exigem uma preparação para uma abordagem informativa das estratégias de adaptação às alterações climáticas, a fim de tornar estas regiões viáveis para continuar a produção agrícola no clima futuro.

CAPÍTULO 5

5. Conclusão

Este estudo apresentou a projeção climática para a Tanzânia com base em simulações climáticas de modelos climáticos regionais CORDEX de alta resolução. O objetivo geral deste estudo foi fornecer uma projeção actualizada das alterações climáticas durante os séculos atual (2011-2040), médio (2041-2070) e final (20712100) em relação a um estado climático histórico (1971-2000). Esta informação é crucial para os diferentes responsáveis políticos e decisores, investigadores, profissionais e sociedades civis. Verificámos que a maioria das regiões do país deverá registar um aumento das temperaturas (mínimas e máximas). As temperaturas máximas mais elevadas, superiores a 3,5 °C e entre 2 e 2,4 °C, nos cenários de emissões RCP 8.5 e RCP 4.5, respetivamente, estão projectadas para as zonas ocidentais do país, as terras altas do sudoeste e as zonas orientais do Lago Nyasa. Estas regiões contêm as quatro principais regiões de produção de alimentos básicos do país: Iringa, Mbeya, Ruvuma e Rukwa e, por conseguinte, exigem uma abordagem informativa adequada sobre as estratégias de adaptação às alterações climáticas para continuar a produção agrícola no clima futuro.

Prevê-se que as temperaturas mínimas aumentem em todo o país. Por exemplo, na parte ocidental da bacia do Lago Vitória e em partes das terras altas do nordeste (Ngorongoro), prevê-se que as temperaturas mínimas aumentem entre 4,5 e 4,8 °C no cenário de emissões RCP 8.5. As terras altas ocidentais, centrais, do sudoeste e do nordeste deverão registar um aumento da temperatura mínima entre 3,9 e 4,5 °C e entre 1,6 e 2,2 °C nos cenários de emissões RCP 8.5 e RCP 4.5, respetivamente.

Prevê-se que os aumentos das temperaturas mínimas e máximas comprometam as actividades socioeconómicas em muitas regiões. Por conseguinte, os resultados apresentados sugerem que devem ser formuladas estratégias de adaptação adaptadas ao aumento projetado das temperaturas nas diferentes regiões. Verifica-se também que os aumentos previstos das temperaturas em todas as regiões são mais elevados para o cenário de manutenção do statu quo (RCP 8.5) do que para o cenário de adaptação (RCP 4.5).

Prevê-se que a precipitação aumente no clima futuro em quase todas as regiões. No entanto, nas regiões ocidental e sudoeste, prevê-se que a precipitação diminua durante os séculos atual (2011-2040), médio (2041-2070) e final (2071-2100) nos cenários de emissões RCP 8.5 e RCP 4.5. Por exemplo, prevê-se que as regiões ocidentais e as terras altas do sudoeste sofram uma diminuição da quantidade de precipitação na ordem dos 0,5 a 1 mm/dia no final do século, tanto no cenário de emissões RCP 8.5 como RCP 4.5. A diminuição prevista da precipitação nas regiões ocidentais e nas terras altas do sudoeste exige a preparação urgente de estratégias de adaptação, especialmente nos subsectores da água, da agricultura e da segurança alimentar.

Contribuição do autor

Todos os autores contribuíram para a conceção, análise e redação do manuscrito. A pesquisa e a análise dos dados foram efectuadas por PL e AF. A validação dos dados do modelo foi efectuada por PL. A análise dos resultados e a redação do artigo foram efectuadas por todos os autores.

Agradecimentos

Os autores gostariam de agradecer à Agência Meteorológica da Tanzânia, secção de investigação, pela disponibilização de instalações de computação e à CORDEX Africa por fornecer os dados do modelo utilizados neste estudo.

Referências

1. Arndt, C., Farmer, W., Strzepek, K., e Thurlow, J (2011) Climate change,agriculture, and food security in Tanzania, Universidade das Nações Unidas, UNU-WIDER

2. de Wit, M. e Stankiewicz, J. (2006). Changes in surface water supply across Africa withpredictedclimate change (Alterações no abastecimento de água de superfície em África com as alterações climáticas previstas). *Science,* 311(5769): 1917-1921.

3. Ehrhart, C., e Twena, M. 2006. Climate Change and Poverty in Tanzania: realities and response options for CARE (Alterações climáticas e pobreza na Tanzânia: realidades e opções de resposta para a CARE). Relatório de base. CARE International Poverty-Climate ChangeInitiative   .   Disponível em   , http://www.care.dk/multimedia/pdf/web_english/Climate%20Change%20and%20Povert y%20in%20Tanzania%20-%20Country%20Profile.pdf

4. Gutowski Jr., W. J., Giorgi, F., Timbal, B., Frigon, A., Jacob, D., Kang, H.-S., Raghavan, K., Lee, B., Lennard, C., Nikulin, G., O'Rourke, E., Rixen, M., Solman, S., Stephenson, T., e Tangang, F.: WCRP Coordinated Regional Downscaling Experiment (CORDEX): a diagnostic MIP for CMIP6, Geosci. Model Dev., 9, 4087-4095, https://doi.org/10.5194/gmd-9-4087-2016,2016.

5. Hewitson, B. C., e Crane, R. G (1996) Climate downscaling: Techniques and application, Clim. Res., 7, 85-95.

6. IPCC, 2007: Quarto Relatório de Avaliação do Grupo de Trabalho II. Climate Change: Climate Change Impacts, Adaptation and Vulnerability, disponível em linha em: *http://www.ipcc.ch/SPM6avr07.pdf*

7. Jack, C (2010). Climate Projections for United Republic of Tanzania, Climate Systems Analysis Group, Universidade da Cidade do Cabo, disponível online em http://www.tzdpg.or.tz/fileadmin/migrated/content_uploads/Climate_projections_CCE_report_01.pdf

8. Juckes, Martin; Lautenschlager, Michael; Legutke, Stephanie; Bossing Christensen, Ole; Kolax, Michael; Denvil, Sebastien, 2013. O arquivo CORDEX no ESGF: um arquivo global para dados regionais, Assembleia Geral da EGU 2013, realizada de 7 a 12 de abril de 2013 em Viena, Áustria, id. EGU2013-11043

9. Munishi, P.K.T., Shirima, D., Jackson, H. e Kilungu, H. (2010). Analysis of Climate Change and its Impacts on Productive Sectors, particularly Agriculture in Tanzania. Um estudo para o

Ministério das Finanças e dos Assuntos Económicos

10. Mwandosya, M.J., Nyenzi, B.S. e Luhanga, M.L. 1998. The Assessment of Vulnerability and Adaptation to Climate Change Impacts in Tanzania (Avaliação da Vulnerabilidade e Adaptação aos Impactos das Alterações Climáticas na Tanzânia). Centro para a Energia, Ambiente, Ciência e Tecnologia (CEEST) Dar-es-Salaam, Tanzânia. ISBN 9987 612 11 3.

11. Rowhani, P., Lobell, D.B., Linderman, M. e Ramankutty, N. (2011).Climate variabilty and crop production in Tanzania. *Meteorologia Agrícola e Florestal,* 151: 449-460.

12. Luhunga, PM. (2017). Avaliação dos impactos da variabilidade climática na produção de milho de sequeiro na bacia de Wami Ruvu da Tanzânia, Journal of water and climate change.8(3) DOI: 10.2166/wcc.2017.036

13. República Unida da Tanzânia (2003): Initial National Communication under the United Nations Framework Convention on Climate Change (UNFCCC), Dar es Salaam, disponível em linha: http ://unfccc.int/re source/docs/natc/tannc 1.pdf.

14. IPCC, 2012: Managing the Risks of Extreme Events and Disasters to Advance Climate Change Adaptation - Summary for Policy Makers [Field, C. B., V, Barros, T. F. Stocker, D. Qin, D. J. Dokken, K. L> Ebi, M. D. Mastrandrea, K. J. Mach, G. -K. Plattner, S. K. Allen, M. Tignor, and P. M. Midgley (eds)]. A special Report of Working Groups I and II of the Intergovernmental Panel on Climate Change. Organização Meteorológica Mundial, Genebra, Suíça, 24pp.

15. IPCC, 2013: Summary for Policy Makers. In: Climate Change 2013: The Physical Science Basis. Contribuição do Grupo de Trabalho I para o Quinto Relatório de Avaliação do Painel Intergovernamental sobre as Alterações Climáticas [Stocker, T. F., D. Qin, G. -K. Plattner, M. Tignor, S. K. Allen, J. Boschung, A. Nauels, Y. Xia, V. Bex e P. M. Midgley (eds)] Cambridge University Press, Cambridge, Reino Unido e Nova Iorque, NY, EUA.

16. Mtongori, H., F. Stordal, e R. Benestad, 2015: Avaliação da capacidade dos modelos de redução estatística empírica na previsão da precipitação na Tanzânia e sua aplicação no fornecimento de cenários futuros de redução. *Jornal do Clima,* doi:10.1175/JCLI-D-15- 0061.1

17. Benestad, R. E., 2001: A comparison between two empirical downscaling strategies. *Int. J. Climatol,* **21,** 1645-1668.

18. Wilby, R. L., e T. M. L. Wigley, 2000: Previsores de precipitação para downscaling: Observed and general circulation model relationships. *Int. J. Climatol,* **20,** 641-661.

19. Willems, P., K. Arnbjerg-Nielsen, J. Olsson e V. T. V. Nguyen, 2012: Avaliação do impacto das alterações climáticas nos extremos de precipitação urbana e na drenagem urbana: Methods

and shortcomings. *Atmos. Res.*, **103**, 106-118.

20. Tumbo, S. D., E. Mpeta, M. Tadross, F. C. Kahimba, B. P. Mbillinyi, e H. F. Mahoo, 2010: Aplicação da técnica de mapas auto-organizados no downscaling das projecções de alterações climáticas dos GCMs para Same, Tanzânia. Phys. Chem. Terra, 35, 608-617.

21. Benestad, R. E., I. Hanssen - Bauer, e E. Forland, 2007: An evaluation of statistical models for downscaling precipitation and their ability to capture long - term trends. Jornal Internacional de Climatologia, 27, 649-665.

22. Di Luca, A., R. de Elia, e R. Laprise, 2012: Potencial de valor acrescentado na precipitação simulada por modelos climáticos regionais aninhados de alta resolução e observações. Climate Dynamics, 38, 1229-1247.

23. Leung, L. R., L. O. Mearns, F. Giorgi, e R. L. Wilby, 2003: Regional Climate Research. Boletim da Sociedade Americana de Meteorologia, 84, 89-95.

24. Jones, R. G., M. Noguer, D. C. Hassell, D. Hudson, S. S. Wilson, G. J. Jenkins e J. F. B. Mitchell, 2004: Generating high resolution climate change scenarios using PRECIS. Met Office Hadley Centre, 40 pp.

25. Agrawala, S., Moehder, A., Hemp, A., Van Aalst, M., Hitz, S., Meena, H., Mwakifamba, S., Hyera, T., e Mwaipopo, O (2003) Development and Climate Change in Tanzania: Focus on Mount Kilimanjaro. OCDE, Paris.

26. Ahmed, S. A., Diffenbaugh, N. S., Hertel, T. W., Lobell, D. B., Ramankutty, N., Rios, A. R., e Rowhani, P (2011) Climate volatility and poverty vulnerability in Tanzania. Global Environmental Change, 21(1): 46-55.

27. Anyah, R..O. e Semazzi, H.H.M. 2007. Variabilidade da precipitação na África Oriental com base em simulações multianuaisRegCM3. Int J Climatol, 27, 357-371.

28. Black, E., Slingo, J., e Sperber, K.R. 2003. Um estudo observacional da relação entre chuvas curtas excessivamente fortes na costa oriental de África e a SST do oceano Índico. Mon

WeatherRev, 131,74 -94.

29. Black, E. 2005. The relationship between Indian Ocean sea-surface temperature and East African rainfall (A relação entre a temperatura da superfície do mar no Oceano Índico e a precipitação na África Oriental). Philos Trans R Soc, 363, 43-47, doi: 10.1098/rsta.2004.1474.

30. Castro, C. L., Pielke Sr, R. A., e Leoncini, G. (2005) Dynamical downscaling: Assessment of value retained and added using the Regional Atmospheric Modeling System (RAMS), J. Geophys. Res., 110, D05108, doi:10.1029/2004JD004721.

31. Chen, Q.-S., e Y.-H. Kuo (1992), A harmonic-sine series expansion and its application to partitioning and reconstruction problems in a limited area, Mon. Weather Rev., 120, 91-112.

32. Denis, B., Laprise, R., Caya, D., e Co'te, J. 2002. Downscaling ability of one-way nested regional climate models: the Big-Brother Experiment, Climate Dynamics, 18, 627-646,doi:10.1007/s00382-001-0201-0.

33. Fung, F., Lopez, A. e New, M (2011). Modelling the impact of climate change on water resources [Modelação do impacto das alterações climáticas nos recursos hídricos]. Oxford: Wiley-Blackwell.

34. Glotter, M.,, Elliott, J., McInerney,D., Best, N. , Foster, I., e Moyer, E. J. (2014) Avaliando a utilidade do downscaling dinâmico nas projecções de impactos agrícolas, PNAS, 111(24): 8776-8781.

35. McSweeney, C., New, M. e Lizcano, G., 2010: UNDP Climate Change Country Profiles: Tanzânia, disponível em: http://country-profiles.geog.ox.ac.uk/

36. Min, E., Hazeleger, W., Oldenborgh, G. J, e Sterl, A., 2013. Evaluation of trends in high temperature extremes in north-western Europe in regional climate models, Environ. Res. Lett. 8 014011, doi:10.1088/1748-9326/8/1/014011

37. Nikulin, G., Jones, C., Giorgi, F., Asrar, G., Buchner, M., Cerezo-Mota, R., Christensen, O.B., Ddqud, M., Fernandez, J., Hansler, A., van Meijgaard, E., Samuelsson, P., Sylla, M.B., c

Sushama, L., 2012: Climatologia da precipitação num conjunto de simulações climáticas regionais CORDEX-África. J Clim. doi:10.1175/JCLI-D-11-00375.1

38. Strzepek, K. e McCluskey, A (2006) District level hydroclimatic time series and scenario analyses to assess the impacts of climate change on regional water resources and agriculture in Africa. CEEPA Discussion Paper No. 13, Centre for Environmental Economics and Policy in Africa, Universidade de Pretória, disponível online em http://www.ceepa.co.za/uploads/files/CDP13.pdf

39. Bhuvandas N, Timbadiya PV, Patel PL, Porey PD (2014). Revisão dos métodos de downscaling nas mudanças climáticas e seu papel nos estudos hidrológicos. Int. J. Environ. Ecol. Geol. Mar. Eng. 8:713-718.

40. Araya A, Girma A, Getachew F (2015) Explorando os impactos das alterações climáticas no rendimento do milho em duas agro-ecologias contrastantes da Etiópia. Asian J Appl Sci Eng 4:27-37

41. Luhunga,PM, E. Mutayoba e H. Ng'ongolo, (2014). "Homogeneidade da temperatura média mensal do ar da República Unida da Tanzânia com HOMER," Ciências Atmosféricas e Climáticas, Vol.4No. 1, 2014, pp. 70-77. doi: 10.4236/acs.2014.41010.

42. Zorita, E. e Tilya, F. (2002). Rainfall variability in North Tanzania in the March-May season (long rains) and its links to large-scale climate forcing. Climate Reaserch, 20,3140

43. http://cordexesg.dmi.dk/esgf-web-fe: recuperado em 25 de março de 2015 às 13:15 hrs

44. Trzaska, S. e Schnarr, E. (2014) A Review of Downscaling Methods for Climate Change Projections: African and Latin American Resilience to Climate Change (ARCC).

45. http://www.ciesin.org/documents/Downscaling_CLEARED_000.pdf

46. Luhunga, P.M. (2017): Avaliação dos Impactos das Alterações Climáticas na Produção de Milho nas Zonas Subagroecológicas das Terras Altas do Sul e do Oeste da Tanzânia. Front. Environ. Sci. 5:51. doi: 10.3389/fenvs.2017.00051

47. Shaobing Peng, Jianliang Huang, John E. Sheehy, Rebecca C. Laza, Romeo M. Visperas,

Xuhua Zhong, Grace S. Centeno, Gurdev S. Khush e Kenneth G. Cassman, 2004: Rice yields decline with higher night temperature from global warming, Publicado em Proceedings of the National Academy of Sciences of the USA 101:27 (6 de julho de 2004), pp. 9971-9975; doi 10.1073/pnas.0403720101

48. Wambura, F., Tumbo, S., Ngongolo, H., Mlonganile, P., Sangalugembe, C. (2014). "Projeções de mudanças climáticas CMIP5 da Tanzânia. Actas da Conferência Internacional de

Conferência sobre a Redução dos Desafios das Alterações Climáticas através da Silvicultura

e de Outros Solos

Práticas de utilização, disponível em

http://www.suaire.suanet.ac.tz:8080/xmlui/handle/123456789/1640

49. Conway, D., Mittal, N., Vincent, K., 2017. Projecções climáticas futuras para a Tanzânia. Future for Climate Africa. https://www.africaportal.org/publications/future-climate-projections-tanzania/

Printed by Books on Demand GmbH, Norderstedt / Germany